新潮文庫

ひと目で見分ける287種
野鳥ポケット図鑑

久保田　修　著

新潮社版

JN264070

本書の特色

ヒガラ

　野鳥の名前を知ることは、観察の第一歩となります。しかし、識別は意外に難しいものです。本書は野外で見た鳥の名前が簡潔に分かるように！　との願いを込めて構成しました。
　鳥の姿・形の識別はイラストとし、ポイントを引き出し線で示しています。イラストは成鳥の典型的な姿とし、幼鳥や季節により羽色などが変わるものも入れました。よく似た種類を分かりやすく比較できるよう配列しました。鳥の大きさは全長で表記し、判断の基準となる物差し鳥の大きさと並列しています。基本データは『野鳥便覧　下巻』榎本佳樹・日本野鳥の会大阪支部によります。しかし、最近使われる数字と異なる場合もあり、かならずしも準拠していません。
　生活環境、基本的な仕草は解説文で紹介しました。鳴き声は同じ鳥でもさえずり、地鳴きでは違いがあります。特徴的なものを記しましたが、異なる場合もあります。
　分布図は日本列島を図式化し、夏、冬、一年中見られるなどと色分けをしました。旅鳥の通過点は地図上には示していませんので、地図上にいる場所の表記がないものもあります。
　写真やイラストを大きく表示したものは、野鳥の生態の雰囲気や、識別ポイントとなるものを選びました。

スズメ以下か、少し大きい
【〜約14.5cm〜】

ツグミなど P127
コノハズク P65
ノビタキなど P122
ホオジロなど P143
カワガラス P112
ウグイスなど P129
コゲラ P64
カワセミなど P79
ミソサザイ P114
ヒレンジャク P110
ソウシチなど P97
イソヒヨドリ P123
コチドリなど P84

鳥はおおよその大きさで表示されています。

ドバトぐらいか、カラスより小さい
【約33cm～約45cm】

- チョウゲンボウなどP49
- ドバトなど P73
- ササゴイなど P17
- カイツブリ P14
- コジュケイ P54
- カッコウなど P75
- ライチョウ P50
- バンなど P61
- オシドリP30
- ヨタカ P70

鳥はおおよその大きさで表示されています。

各部の名称

風切羽は翼先端から、初列風切、次列風切、三列風切に分かれる

物差し鳥

- 約14.5cm スズメ
- 約23.8cm ムクドリ
- 約33cm ドバト
- 約56.5cm ハシブトガラス（本書ではカラスと表記）

鳥の大きさの基準は、鳥を水平に寝かせた状態で、くちばしの先から尾の先までの長さを**全長（L）**、翼が開いた状態の左右の長さを**翼開長（W）**で表します。この表記だと鳥の形によっては見かけの大きさと一致しないこともあります。しかし、おおよその目安となり、似た種類では重要な手がかりとなります。
本書では全長を**cm**で表記し、**全長（L）**の表示は省略。

ひと目で見分ける287種
野鳥ポケット図鑑

カワウ

ウ科　ウ属

先端がかぎ形に曲がる
尖らない
尖る
ウミウ
カワウ

| カワウ | 81cm |
| カラス | 56.5cm |

大きな河川、池周辺などで見られ、飛翔は集団でV字形の編隊となることもある。全体に黒っぽいが繁殖期には顔付近が白っぽくなる。よく似た**ウミウ**はカワウと同じぐらいの大きさで、主に海岸周辺で見られる。同属の**ヒメウ**はウミウと同時に見られることが多いが、頭部と首の太さが同じぐらい。

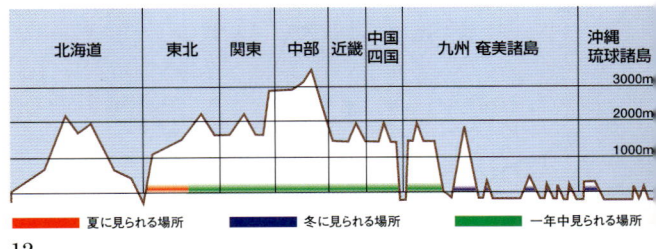

アビ

アビ科　アビ属

黒い部分が広く濃い

白黄色は**ハシジロアビ**

白斑が目立つ

オオハム冬など

アビ冬

アビ　　61cm
カラス　56.5cm

海岸沿いや沖、近くの池などで見られるが多くはない。小さな群れか単独のことも多い。全体の雰囲気はマガモなどに似るが、この仲間はくちばしは先端が曲がらずまっすぐ、首も比較的短い。よく似た**オオハム、シロエリオオハム、ハシジロアビ**は冬羽、夏羽などの違いがあるが、遠方からだと識別は難しい。

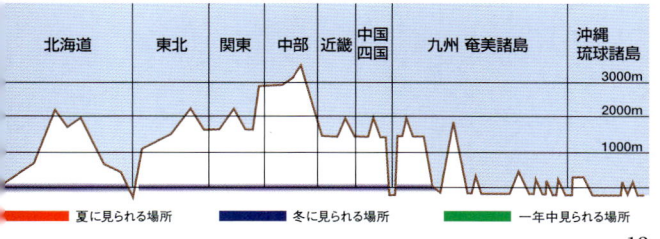

カイツブリ　　　　　カイツブリ科　カイツブリ属

冬は淡褐色
黄斑紋
夏

カイツブリ　26cm
ムクドリ　23.8cm

流れの弱い河川、池などで見られる。ヨシの葉などが水面にかぶるような目立たぬ場所にいることが多いが、冬にはカモなどの集団の隅で小集団となることもある。この場合、カモよりかなり小さいので分かりやすい。繁殖期には「ケレケレケレ…」とよく通る声で鳴く。

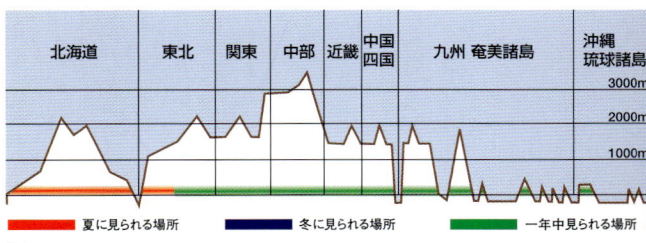

カンムリカイツブリ カイツブリ科 カンムリカイツブリ属

アカエリカイツブリは首が黒く、白い部分が少ない

冬

夏

アカエリカイツブリは首が赤い

カンムリカイツブリ	56cm
カラス	56.5cm

海岸、ヨシなどが茂る湖岸、河川でも見られる。この仲間では大形で、渡りの時期には100羽以上の集団となることがあるが、普段は単独〜小集団で行動をすることが多い。よく似た**アカエリカイツブリ**は少し小さい。この他にさらに小形の冬鳥、**ミミカイツブリ**、**ハジロカイツブリ**が海岸沿いなどに飛来する。

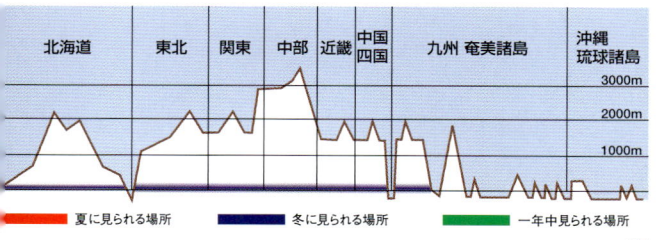

ヨシゴイ

サギ科　ヨシゴイ属

黒色
オオヨシゴイ
は暗栗色

♂　♀

ヨシゴイ　36cm
ドバト　　33cm

サギの仲間では特に小さい。湿地、池のヨシ原周辺で見かける。軽量をいかして水面に浮かぶ水草の葉の上を歩いたり、ヨシの茎などに器用につかまり、下を通るザリガニなどを捕まえる。夜「オー、オー」と連続して鳴く。コサギなどのように上空を飛ぶことは少なく、藪などの上すれすれのことが多い。

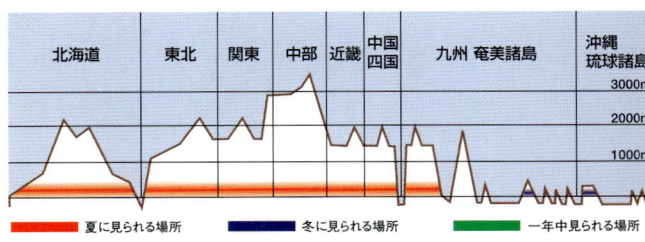

ササゴイ

サギ科　ササゴイ属

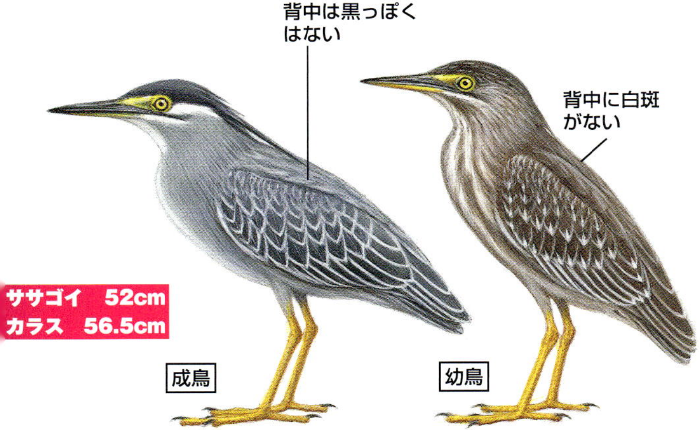

背中は黒っぽくはない

背中に白斑がない

ササゴイ　52cm
カラス　56.5cm

成鳥

幼鳥

湿地、池のヨシ原周辺で見かける。主に魚を食べ、水際で動かず獲物を狙うことが多い。ゴイサギの若鳥などと似た雰囲気もあるが、リラックスしている時は、ゴイサギより首が長く感じる。夜間に「キィウ、キィウ」と大声で鳴きながら飛ぶことがある。

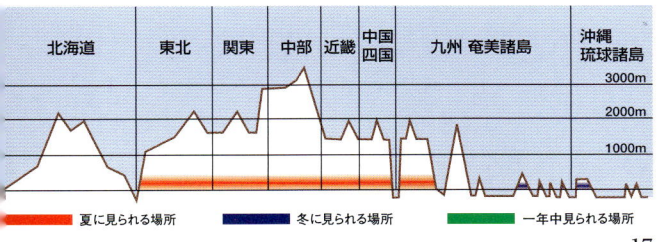

ゴイサギ

サギ科　ゴイサギ属

背中は黒っぽい

背中にも白斑がある

成鳥

幼鳥

ゴイサギ　58cm
カラス　56.5cm

早朝や夕方、水辺の縁で魚、ザリガニなどの獲物を狙い静止している。夜、ねぐらの林などに小集団で移動、この時に「クワッ」とも聞こえる不気味な声で鳴くことから「夜烏」とも呼ばれる。幼鳥は翼、背中に白斑があり別名「ホシゴイ」。よく似たササゴイ幼鳥の背中には白斑はない。

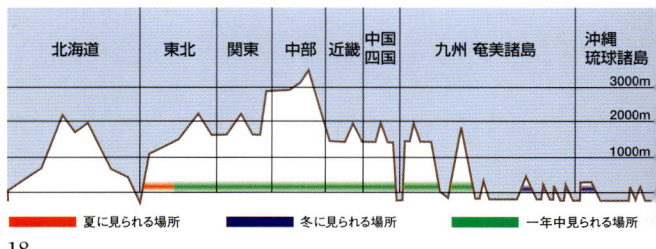

夏に見られる場所　　冬に見られる場所　　一年中見られる場所

チュウサギ

サギ科　コサギ属

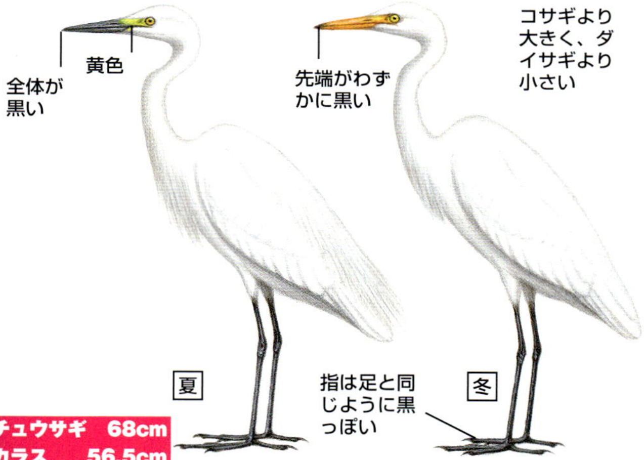

全体が黒い

黄色

先端がわずかに黒い

コサギより大きく、ダイサギより小さい

夏

冬

指は足と同じように黒っぽい

チュウサギ　68cm
カラス　　　56.5cm

他のサギと同じく水辺周辺で見かけるが、すこし陸側の草地なども好む。ダイサギなどと比べると、首を立てて周囲を見渡す仕草も多い。これは魚だけではなく、バッタなど昆虫も好むためかもしれない。夏はくちばしが黒っぽくなるのでコサギと似た雰囲気だが、指は黒く、黄色のコサギと区別できる。

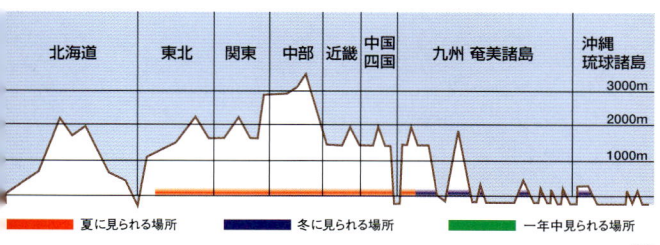

コサギ

サギ科　コサギ属

全体が黒い　　冠羽が長い
夏　指は黄色い　冬

コサギ　　61cm
カラス　　56.5cm

水田、池、河川などの水際で見かける。小集団となることが多くダイサギなどと一緒にいることもある。指のみが黄色いのはほぼ本種。同じく指のみが黄色く似た種類として稀な旅鳥**カラシラサギ**が知られる。こちらはくちばしが黄色なので区別できるが、幼鳥などでは黒っぽく、識別は難しい。

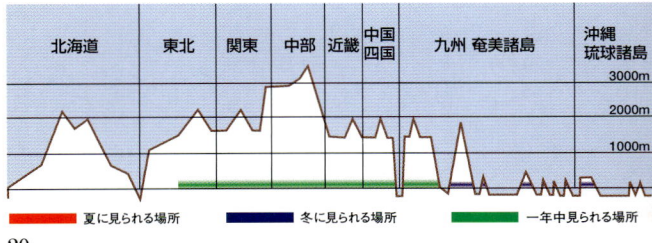

ダイサギ

サギ科　コサギ属

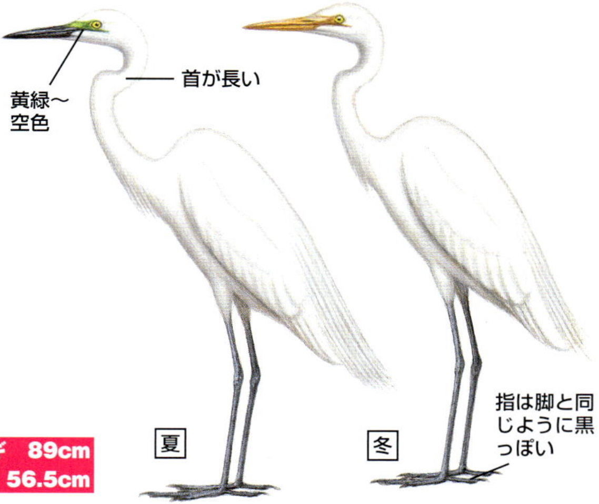

首が長い
黄緑～空色
夏
冬
指は脚と同じように黒っぽい

ダイサギ　89cm
カラス　56.5cm

水田、池、河川などの水際で見かける。主に小魚を餌とする。カワウなどが集団で潜って魚を追う場所の浅瀬に飛来、深みから逃げてくる魚も狙う。首、くちばしともコサギなどより長く、全体に大形。国内で繁殖するものと、冬鳥として飛来するものがいて、後者は大きく、アオサギぐらいか、やや大きい。

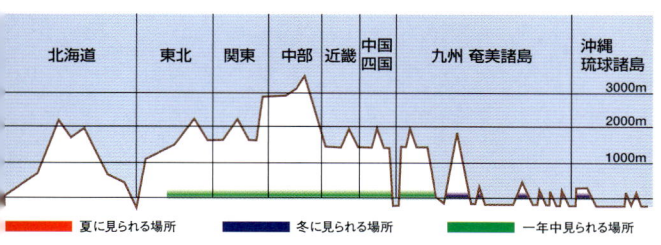

北海道
東北
関東
中部
近畿
中国
四国
九州 奄美諸島
沖縄
琉球諸島
3000m
2000m
1000m
夏に見られる場所
冬に見られる場所
一年中見られる場所

クロサギ

サギ科 コサギ属

黄色だが、黒っぽいものもいる

冠羽は長くない

足は肉色

コサギより足が短い

黒色型

白色型

クロサギ　62cm
カラス　56.5cm

海岸の岩礁、テトラポッド周辺などで見かけることが多いが、砂浜、干潟にいることもある。全身は黒色で、くちばしと脚は淡い黄色が基本だが黒っぽい変異もある。奄美大島以南には黒色型の他に白色型がいて紛らわしい。他のサギより全体に脚が短い印象を受ける。

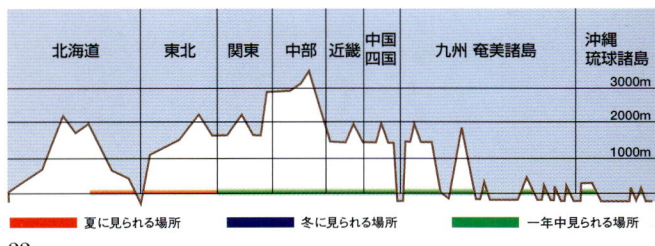

アマサギ

サギ科　アマサギ属

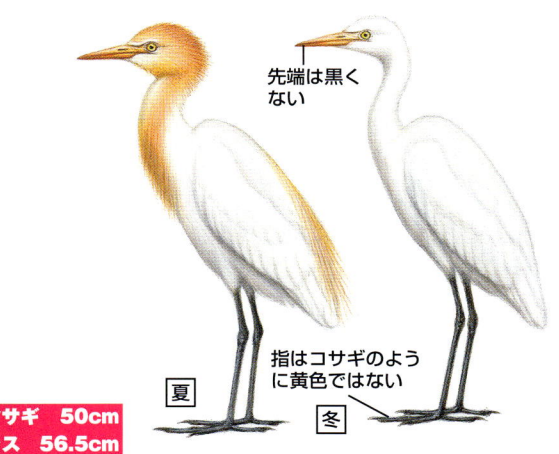

先端は黒くない

指はコサギのように黄色ではない

夏

冬

アマサギ　50cm
カラス　56.5cm

水辺より、畑地、田んぼ周辺で見られることが多い。南国では水牛の背中に乗って虫なども食べる。くちばしは少し短く黄色、脚、指は黒い。大きさや姿がよく似たコサギはくちばしが黒く、水辺に多い。成鳥は夏羽は頭部から首、胸付近と背に橙黄色(とうおうしょく)の飾り羽が出るので、分かりやすい。

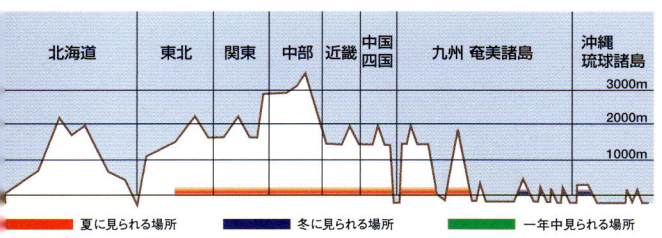

夏に見られる場所　　　冬に見られる場所　　　一年中見られる場所

アオサギ

サギ科　アオサギ属

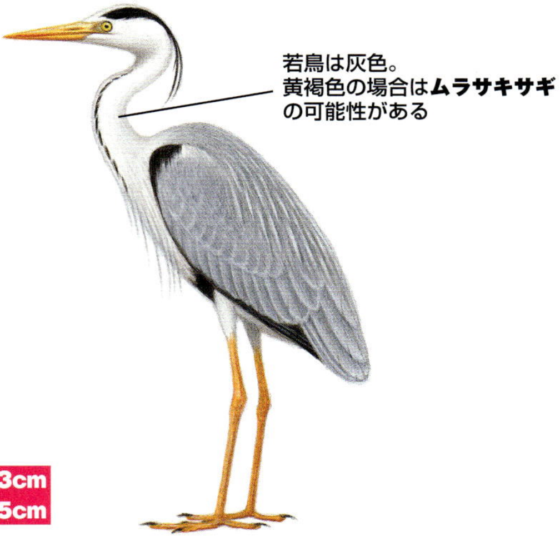

若鳥は灰色。
黄褐色の場合は**ムラサキサギ**の可能性がある

アオサギ　93cm
カラス　56.5cm

水田、河川などの水辺で見かける。主に小魚を餌とする。ダイサギと並んで大形。地上にいるときは、全体が灰色っぽく見え、成鳥は頭頂が黒い。飛翔時は風切羽などが黒く、コウノトリに似た雰囲気もあるが、本種は首を縮めて飛ぶ。よく似た**ムラサキサギ**は渡りの時期に稀に観察される。

北海道
東北
関東
中部
近畿
中国
四国
九州 奄美諸島
沖縄
琉球諸島
3000m
2000m
1000m
夏に見られる場所
冬に見られる場所
一年中見られる場所

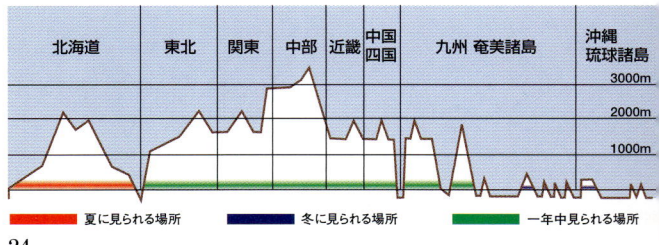

コウノトリ

コウノトリ科 コウノトリ属

黒く長い

放鳥されたものには脚に識別リングがある

コウノトリ 112cm
カラス 56.5cm

冬に稀に飛来するが、日本では繁殖するものはなくなり、人工飼育（兵庫県立コウノトリの郷公園）されたものが実験的に放鳥されている。水辺付近で小魚、小形のは虫類などを餌とする。飛翔時は風切羽などが黒く、アオサギに少し似た雰囲気があるが、本種は首を縮めて飛ぶことはない。

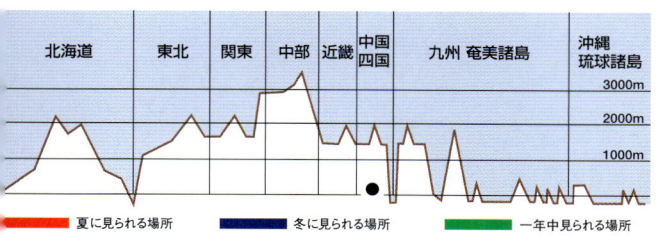

マガン

カモ科　マガン属

- 白色
- 黄色
- ヒシクイ
- 成鳥には白斑
- コクガン
- マガン

マガン　72cm
カラス　56.5cm

晩秋に北海道北部にV字形の編隊などで飛来、その後南下して、ごく限られた水田、湖などで集団越冬する。宮城県北部の伊豆沼と周辺はマガンの最大の越冬地として知られる。この他のガンの仲間は**ヒシクイ**、**コクガン**などが飛来するが、越冬地は局地的で数も少ない。

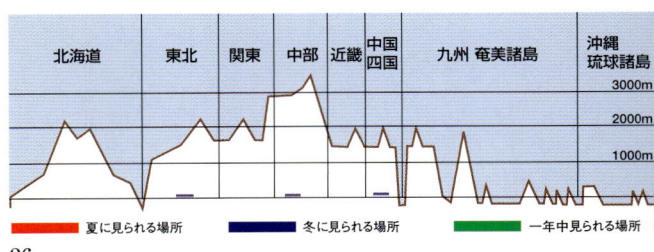

コブハクチョウ

カモ科　コブハクチョウ属

こぶはない
こぶ
幼鳥
成鳥

コブハクチョウ　142cm
カラス　　　　　56.5cm

春から夏、秋に城の堀、公園の池などで見かけるハクチョウのほとんどが本種で飼育されているもの。野生のものは「かご抜け」か、その子孫と思われるが、大陸から渡来している可能性もある。他のハクチョウに比べると、翼を少し持ち上げた状態のまま泳ぐ傾向が強い。

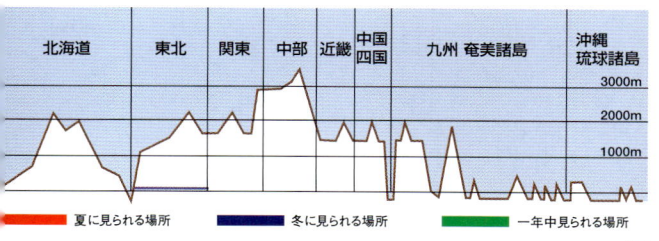

北海道　東北　関東　中部　近畿　中国四国　九州　奄美諸島　沖縄琉球諸島

3000m
2000m
1000m

■ 夏に見られる場所　　■ 冬に見られる場所　　■ 一年中見られる場所

コハクチョウ　　　　　カモ科　コブハクチョウ属

黄色の先端が尖る
オオハクチョウ

黄色の先端が尖らない

コハクチョウ　120cm
カラス　　　　56.5cm
コハクチョウ

湖、大きな河川などで集団で見かける。**オオハクチョウ**との飛翔時の区別は首の長さなどによるが難しい。秋に4〜5羽の家族単位で飛来し、稀に太平洋側の都会などにも迷い込む。飛翔姿の特徴はサギの仲間のように首を縮めることはなく、サギやツルの仲間より脚が短く胴からはみ出さない。

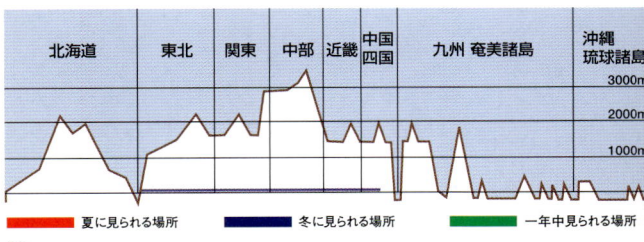

アメリカコハクチョウは日本では迷鳥。コハクチョウなどの集団に混じっていることがある。くちばしの黄色い部分が上部の基部に少しあるだけ。

オシドリ　　　　　　　　　　カモ科　オシドリ属

黒っぽい　　　白い

夏には♀と同じような姿になるが、赤い

♀

オシドリ　45cm
カラス　56.5cm

♂

冬は集団となり、湖、池、河川の木々がおおいかぶさる岸辺などで見かける。本来は警戒心の強い種類だが、都会の公園、神社の池などに渡ってくるものは人を恐れない。夏は寒冷な山間部の森などにいて、木の洞などで繁殖する。他のカモ類と違って木の枝などにとまって休むこともある。

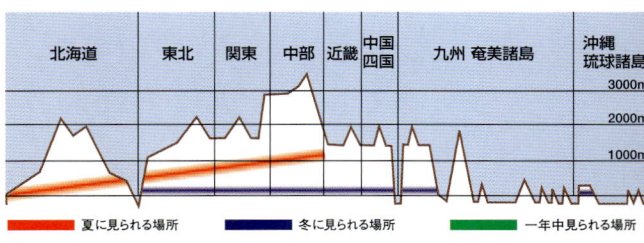

北海道　東北　関東　中部　近畿　中国四国　九州　奄美諸島　沖縄琉球諸島

3000m
2000m
1000m

■ 夏に見られる場所　　■ 冬に見られる場所　　■ 一年中見られる場所

カルガモ

カモ科　マガモ属

先端が黄色

翼鏡は青いが、隠れて見えないことも多い

カルガモ　61cm
カラス　56.5cm

也、河川などで見かける。水草などを好むが、時にカエルやザリガニなども食べる。多くのカモが冬鳥だが、本種は身近な場所で繁殖、ほぼ1年中見られる。♂♀の区別は難しい。近い種類のマガモとの雑種が出来やすく、夏にくちばしが全体に黄色いのにカルガモ風のカモなどがそれに当たる。

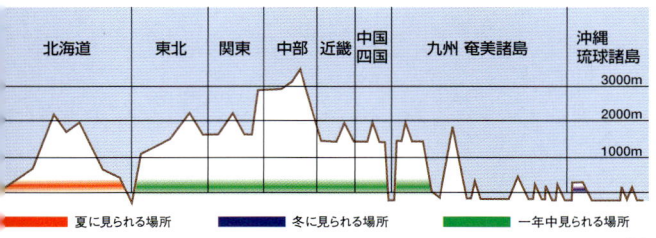

カモの仲間 (陸ガモなど)

- マガモ♂ — 首輪状の白線、巻く
- オナガガモ♂ — 長い
- コガモ♂ — 細い白線、淡黄色、縦白線があればアメリカコガモ
- ヨシガモ♂ — 白点、曲がる
- ヒドリガモ♂ — 黄色っぽい、頬、頭部が白っぽいのはアメリカヒドリ、黒っぽい
- オカヨシガモ♂ — 黒い
- トモエガモ♂ — 縦黒線
- ハシビロガモ♂ — 先端で広がる

渡来初期には、♂も♀と同じような羽色(右ページ)のものも少なくない。

これらのカモの仲間は大陸方面で繁殖、晩秋に大きな河川、池、湖などに集団で飛来する。翌年、早春から日本を離れる。同じ場所に何種類かが混在することも多いが、地域によって構成する種類が変わる。コガモに似たシマアジなど旅鳥として日本を通過する種類もある。

カモの仲間など (潜水ガモなど)

これらのカモの仲間は大陸方面で繁殖、晩秋に海岸周辺や大きな河口などに集団で飛来し、翌年、早春から日本を離れる。潜水して餌を探すことから潜水ガモ(海ガモ)と呼ばれ、同じ場所に何種類かが混在することも多い。上記の他に♂は全体が黒く、くちばしが黄色い**クロガモ**などが飛来する。

（主に河口、海岸で見られる種類）

スズガモ　46cm
カラス　56.5cm

アイサ属は日本で4種記録され、**コウライアイサ**は迷鳥。♂はウミアイサに似ているが冠羽が長く体側にうろこ模様があり、♀も同じ傾向がある。ウミアイサなどの群れに混じることがある。いずれの種類も潜水ガモと同じような場所で見られ、カワアイサは西日本では河口周辺で見かけることが多い。

トビ

タカ科　トビ属

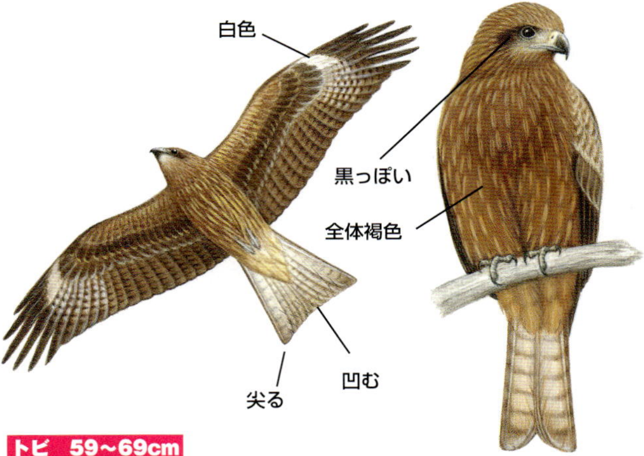

- 白色
- 黒っぽい
- 全体褐色
- 尖る
- 凹む

トビ　59〜69cm
カラス　56.5cm

海岸、湖、大きな河川などで見られ、大集団となることも多い。オオタカなどに比べると低空を高速で滑空することは少ないが、気流に乗って上空を長時間旋回し獲物を探す。♂♀の区別は難しい。幼鳥は成鳥より黒っぽく、翼上面などに白斑が目立つ傾向がある。

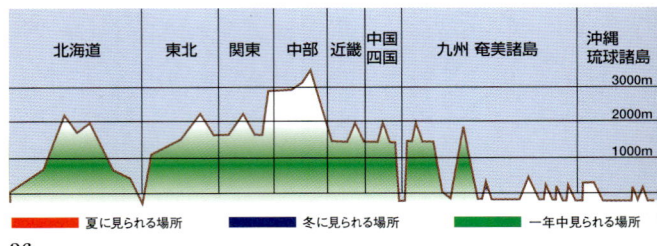

ノスリ

タカ科　ノスリ属

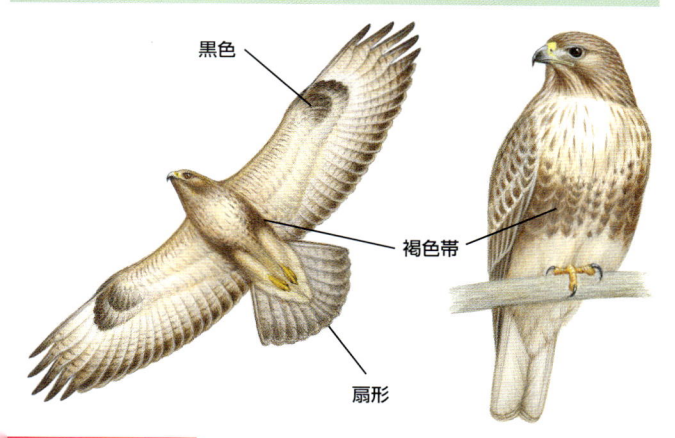

黒色
褐色帯
扇形

ノスリ　52〜57cm
カラス　　56.5cm

山林周辺などの上空を旋回している姿を見かけるが、見通しのよい枝に長時間とまり、付近の様子をうかがうことも多い。トビのように群れることはない。幼鳥は目が黄色っぽく、成鳥は黒褐色。よく似た**ケアシノスリ**は尾の先に黒い縞模様があり、上面の尾の基部付近が白い。

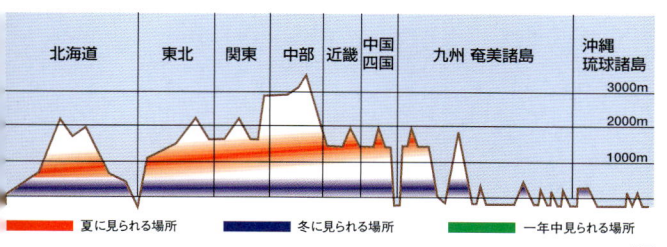

| 北海道 | 東北 | 関東 | 中部 | 近畿 | 中国四国 | 九州 | 奄美諸島 | 沖縄琉球諸島 |

夏に見られる場所　　冬に見られる場所　　一年中見られる場所

オオタカ

タカ科　ハイタカ属

- 黒色がはっきりしている
- 白っぽく、黒斑などはない
- 横縞
- 成鳥

オオタカ　50～56cm
カラス　　56.5cm

山野の木の枝などにとまって獲物を狙う。上空を滑空、旋回することもあるが多くない。ほとんどが単独行動。カラスの集団に囲まれるように飛んでいることも多く、この時カラスかそれより大きく見える。♂の背中は少し青味があり、♀は褐色ぎみだが差は微妙。幼鳥は胸から腹は縦縞で、全体に淡褐色。

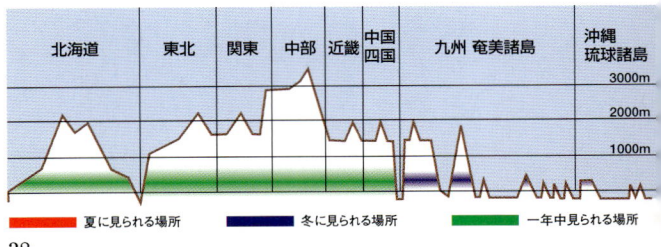

| 北海道 | 東北 | 関東 | 中部 | 近畿 | 中国四国 | 九州 | 奄美諸島 | 沖縄琉球諸島 |

夏に見られる場所　　冬に見られる場所　　一年中見られる場所

ハイタカ
タカ科　ハイタカ属

はっきりした黒色ではない

眉斑は細く、ないこともある

尾は長い

♂

♀

ハイタカ　32～39cm
カラス　　56.5cm

山地などの上空を滑空、主に木の枝などにとまって獲物を狙う。冬は低地、丘陵地でも見かける。ほとんどが単独行動。カラスの集団に囲まれるように飛んでいることも多く、この時カラスよりも小さく見える。飛翔時の下面は淡灰色で、オオタカほど白くは見えない。

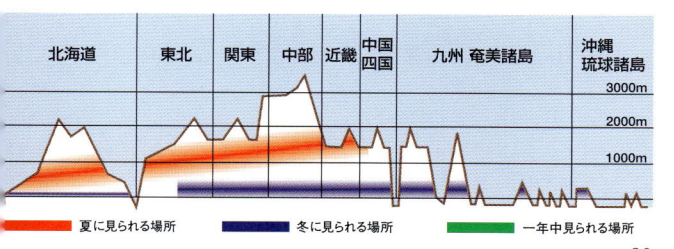

| 北海道 | 東北 | 関東 | 中部 | 近畿 | 中国四国 | 九州 | 奄美諸島 | 沖縄琉球諸島 |

3000m / 2000m / 1000m

■ 夏に見られる場所　　■ 冬に見られる場所　　■ 一年中見られる場所

ツミ

タカ科　ハイタカ属

アカハラダカは縞斑がほとんど見えず白い

顔全体が黒っぽい

幼鳥は縦斑がある

横斑はほとんど見えない

♂成鳥　　♀成鳥

ツミ　　27～30cm
ドバト　　33cm

　分布域は平野から山地までと広い。最近は公園周辺の雑木林でも見られ、特に松林を好む。繁殖期は「ピヨー、ピョ、ピョ、ピョ」とも聞こえる声でよく鳴く。オオタカ、ハイタカと同属で似ているが、小形でヒヨドリぐらい。飛翔は羽ばたき、滑空のくり返しで、ヒヨドリのように波形状にはならず直線的。

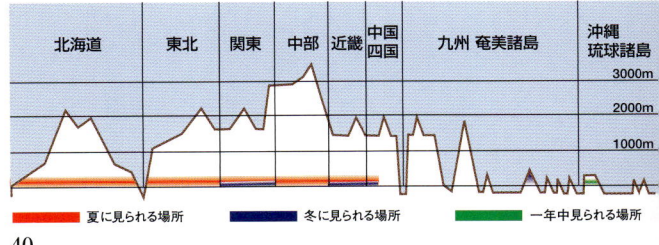

北海道　東北　関東　中部　近畿　中国四国　九州　奄美諸島　沖縄琉球諸島

3000m
2000m
1000m

夏に見られる場所　　冬に見られる場所　　一年中見られる場所

木にとまっている姿や大きさはキジバトに似ている。くちばしの形、尾羽の縞模様などが違う。

オジロワシ

タカ科　オジロワシ属

オジロワシ　80〜94cm
カラス　　　56.5cm

直線的
幼鳥は白くない
さほど尖らない
少しふくらむ
くさび形

オジロワシ
オオワシ成鳥

沿岸周辺で見られる。北海道で繁殖するものもいるが、多くは大陸から飛来する。知床半島では漁港周辺などで群れることが多く、2月にもっとも数が増える。ねぐらは近くの谷すじの林でオオワシと一緒に見られる。主に魚を食べるが、カモなどを襲うこともある。

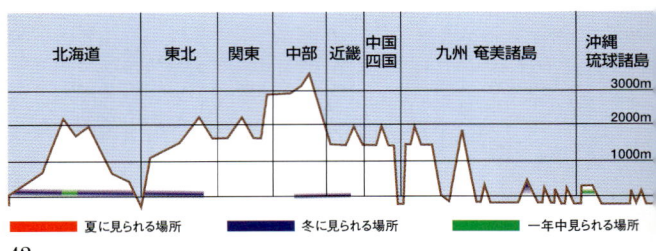

夏に見られる場所　　冬に見られる場所　　一年中見られる場所

サシバ

タカ科　サシバ属

- 縞模様は太くない
- 縦の黒色線
- 先端が黒く目立つものが多い
- 頭部が小さく、首が長い

サシバ

ハチクマ

サシバ　47〜51cm
カラス　56.5cm

「谷戸」と呼ばれるような林に囲まれた丘陵地の田んぼ周辺で見られることが多い。主にヘビ、カエル、ネズミなどを餌とする。秋の渡り時期には大きな集団となり南西諸島から東南アジアへ渡る。同じ渡り時期に見られる**ハチクマ**は少し大きく、褐色型や白色型などいろいろなタイプがいる。

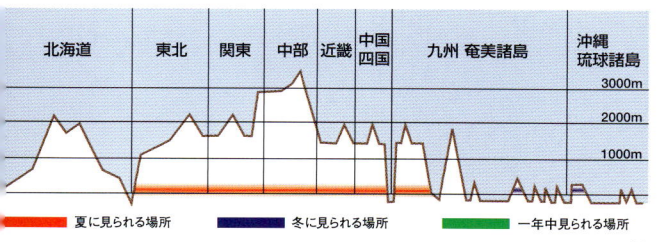

| 北海道 | 東北 | 関東 | 中部 | 近畿 | 中国四国 | 九州 | 奄美諸島 | 沖縄琉球諸島 |

夏に見られる場所　　冬に見られる場所　　一年中見られる場所

クマタカ

タカ科　クマタカ属

冠羽状

幅が広い

若鳥は白っぽい

成鳥

| クマタカ | 72〜80cm |
| カラス | 56.5cm |

山間部で見られ、大きな谷数本ほどを縄張りとする。滑空時はほとんど羽ばたかず、なぜ上昇・加速ができるのか不思議なほど。イヌワシが生息する場所では、イヌワシより標高の低い場所で見られることが多い。留鳥だが、秋の渡り時期に少数の移動が観察される。

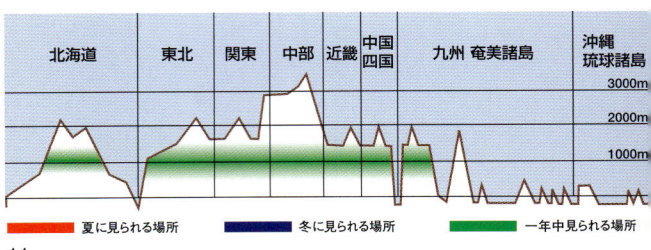

北海道　東北　関東　中部　近畿　中国四国　九州　奄美諸島　沖縄琉球諸島

夏に見られる場所　　冬に見られる場所　　一年中見られる場所

イヌワシ

タカ科　イヌワシ属

幼鳥は大きな白斑がある

金色

扇形

イヌワシ	81〜89cm
カラス	56.5cm

成鳥

大きな岩壁などが目立つ山間部で見られる。クマタカと同じように滑空時はほとんど羽ばたかない。飛んでいる姿は、大きく、翼が長く、黒っぽい。巣は岩壁の岩だなに作られることが多い。通常は単独行動だが、幼鳥が巣立つ夏から秋には、つがいと3羽同時滑空することもある。

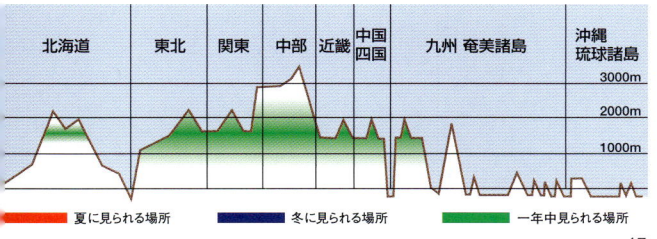

北海道	東北	関東	中部	近畿	中国四国	九州	奄美諸島	沖縄琉球諸島

3000m / 2000m / 1000m

夏に見られる場所　　冬に見られる場所　　一年中見られる場所

チュウヒ

タカ科　チュウヒ属

下面が褐色のタイプは、オオタカ幼鳥に似るが、眉斑はほとんどない

ノスリのような腹部分の黒褐色の斑紋がないものが多い

開くと扇形。オオタカ幼鳥のように縞模様がはっきりしていることはほとんどない

チュウヒ	48〜58cm
カラス	56.5cm

湿原のヨシ原などで見られる。獲物を狙う時の滑空は、草丈のすぐ上など低いことが多い。この時、翼はV字状となる。羽色はいろいろあり、頭部が黒くて下面が白く、翼先が黒いものもいる。よく似た種類は、頭部が灰色で尾基部が白い**ハイイロチュウヒ**、♂の翼上面に黒帯がある**マダラチュウヒ**など。

北海道	東北	関東	中部	近畿	中国四国	九州	奄美諸島	沖縄琉球諸島

夏に見られる場所　　冬に見られる場所　　一年中見られる場所

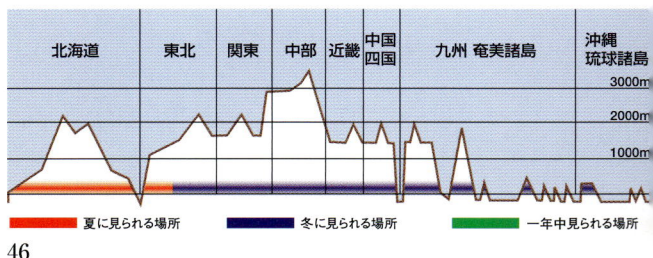

ミサゴ

タカ科　ミサゴ属

黒褐色帯

翼はたたむと尾が隠れるほど長い

白色

ミサゴ	55〜63cm
カラス	56.5cm

海岸や大きな河川周辺で見られる。基本的には留鳥で単独行動が多いが、冬期は河口付近で複数の個体と出合う確率が高い。獲物は主に魚で、水面近くを泳ぐボラやコイなどを上空から狙い、わしづかみにして持ち去る。翼が長く白いので大形のカモメの仲間と見間違うこともある。

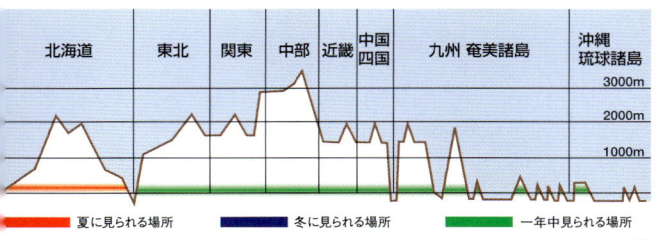

北海道	東北	関東	中部	近畿	中国四国	九州	奄美諸島	沖縄琉球諸島

夏に見られる場所　　　冬に見られる場所　　　一年中見られる場所

ハヤブサ

ハヤブサ科　ハヤブサ属

- 黒い
- 幼鳥は縦縞
- 先端はチョウゲンボウほど黒くない

ハヤブサ　42〜49cm
カラス　　56.5cm

成鳥

海岸、河川、畑地などで見られ、主に小鳥を襲う。飛翔時は羽ばたきと滑空をくり返し直線的に飛び、速度も速い。翼が尖っており、目の下にはっきりとした黒斑が目立つ。よく似た**チゴハヤブサ**は少し小形で体形はスマート。ホバリング（停空飛翔）をしたり、飛んでいるトンボなどの昆虫も捕らえる。

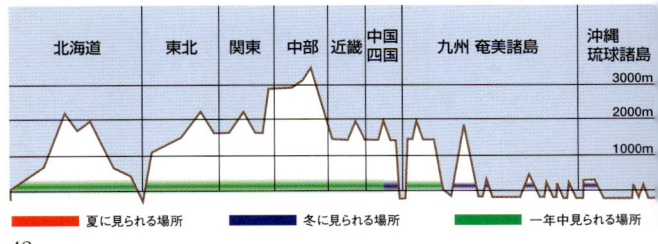

| 北海道 | 東北 | 関東 | 中部 | 近畿 | 中国四国 | 九州 | 奄美諸島 | 沖縄琉球諸島 |

夏に見られる場所　　冬に見られる場所　　一年中見られる場所

チョウゲンボウ

ハヤブサ科　ハヤブサ属

ハヤブサほど黒くはない

♀は褐色

先端が黒い

チョウゲンボウ	29〜33cm
カラス	56.5cm

大きな橋がある河川、畑地などで見られ、高山まで上昇することもある。飛翔時は羽ばたきと滑空をくり返し、ホバリングすることも多い。翼が尖っており、目の下の薄い黒斑は目立たず、尾の先の黒横帯は目立つ。よく似た**コチョウゲンボウ**は少し小さくキジバトぐらいで飛び方が素早い。

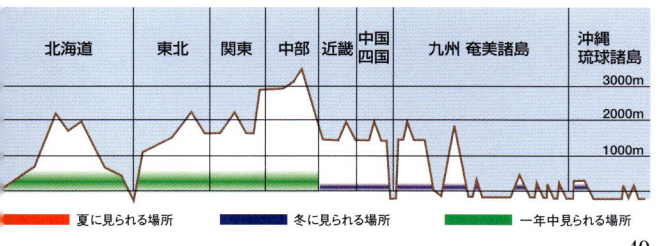

夏に見られる場所　　冬に見られる場所　　一年中見られる場所

ライチョウ

ライチョウ科　ライチョウ属

年3回換羽がある。夏に黒っぽかった♂は褐色、淡褐色だった♀は暗褐色になり、冬は♂♀ともに白色

脚、指にも羽毛がある

ライチョウ　37cm
カラス　56.5cm

高山のハイマツ帯の草原などで見られる。「ゴアッ」とも聞こえるしわがれた特徴のある鳴き方をする。残雪期にハイマツの下で営巣、♂が近くの少し高い場所で見張っている。盛夏、お花畑に雛を連れた♀が現れる。北海道には**エゾライチョウ**がおり、平地から山地の森林地帯に生息している。

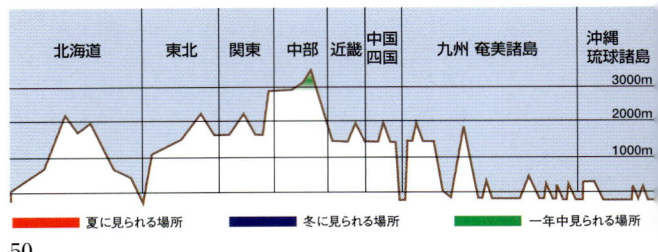

| 北海道 | 東北 | 関東 | 中部 | 近畿 | 中国四国 | 九州 | 奄美諸島 | 沖縄琉球諸島 |

■夏に見られる場所　■冬に見られる場所　■一年中見られる場所

50

繁殖期の♂は目の上の肉冠をふくらませ、尾羽を扇形に立てて、♀の関心を誘う。

ヤマドリ

キジ科　ヤマドリ属

横縞間隔が広い

白斑

♂

♀

ヤマドリ♂　125cm
カラス　　　56.5cm

山地の林縁などで見られる。主に早朝に活動、日中は林内にいて人が踏み込むと驚いて飛び上がり滑空する。繁殖期ははっきりとした縄張りを形成、♂1に複数の♀がいる。♀はキジに似るが尾羽の縁に白斑がある。キジは草原などを好むが、ヤマドリはそのような場所で見かけることは少ない。

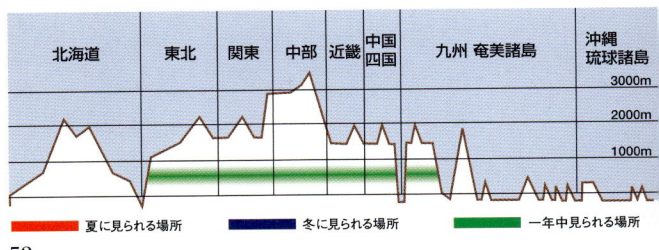

| 北海道 | 東北 | 関東 | 中部 | 近畿 | 中国四国 | 九州 | 奄美諸島 | 沖縄琉球諸島 |

■ 夏に見られる場所　　■ 冬に見られる場所　　■ 一年中見られる場所

キジ

キジ科　キジ属

コウライキジは白帯がある

横縞間隔が狭い

飛翔時の尾は細長く尖る

♂

♀

キジ♂	80cm
カラス	56.5cm

河原や丘陵地の草原で見られる。♂は「ケン、ケン、…」と甲高くよく通る声で鳴く。さらに翼を体に打ちつけて「ド、ド、ド、ド、…」とも聞こえる「ほろ打ち」をすることもある。首のまわりに白帯があるのは**コウライキジ**で放鳥されたもの。北海道、対馬などで見られ、本州にも進出している。

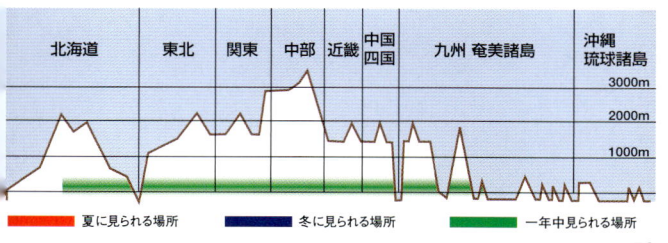

北海道　東北　関東　中部　近畿　中国四国　九州　奄美諸島　沖縄琉球諸島

3000m
2000m
1000m

夏に見られる場所　　冬に見られる場所　　一年中見られる場所

コジュケイ

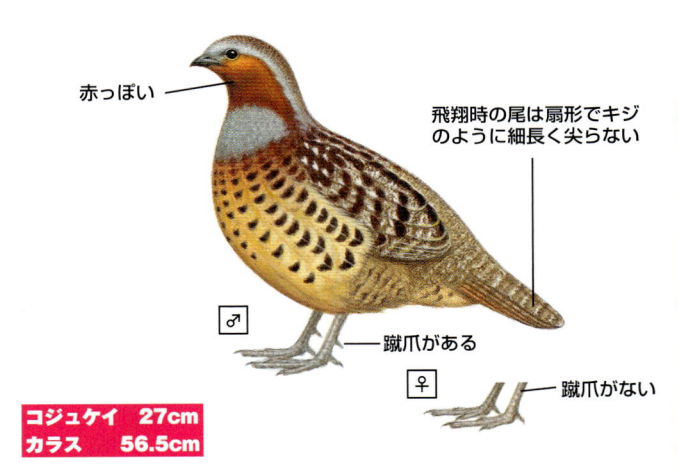

キジ科 コジュケイ属

- 赤っぽい
- 飛翔時の尾は扇形でキジのように細長く尖らない
- 蹴爪がある ♂
- 蹴爪がない ♀

コジュケイ　27cm
カラス　　56.5cm

平地から山地の谷戸などの灌木下にいる。主に早朝に小さな群れで活動し、この時間帯以外では姿を見るのは難しい。体に比べて鳴き声は大きく「ピッ、ピュクイッ、…」とも聞こえ、「ちょっと来い、ちょっと来い」と聞きなす。よく似た**ウズラ**は大きさがさらに小形で、尾がほとんどないほど短い。

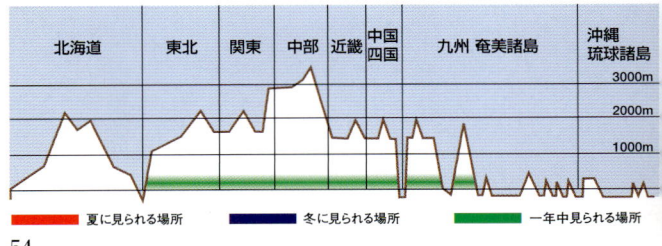

■ 夏に見られる場所　　■ 冬に見られる場所　　■ 一年中見られる場所

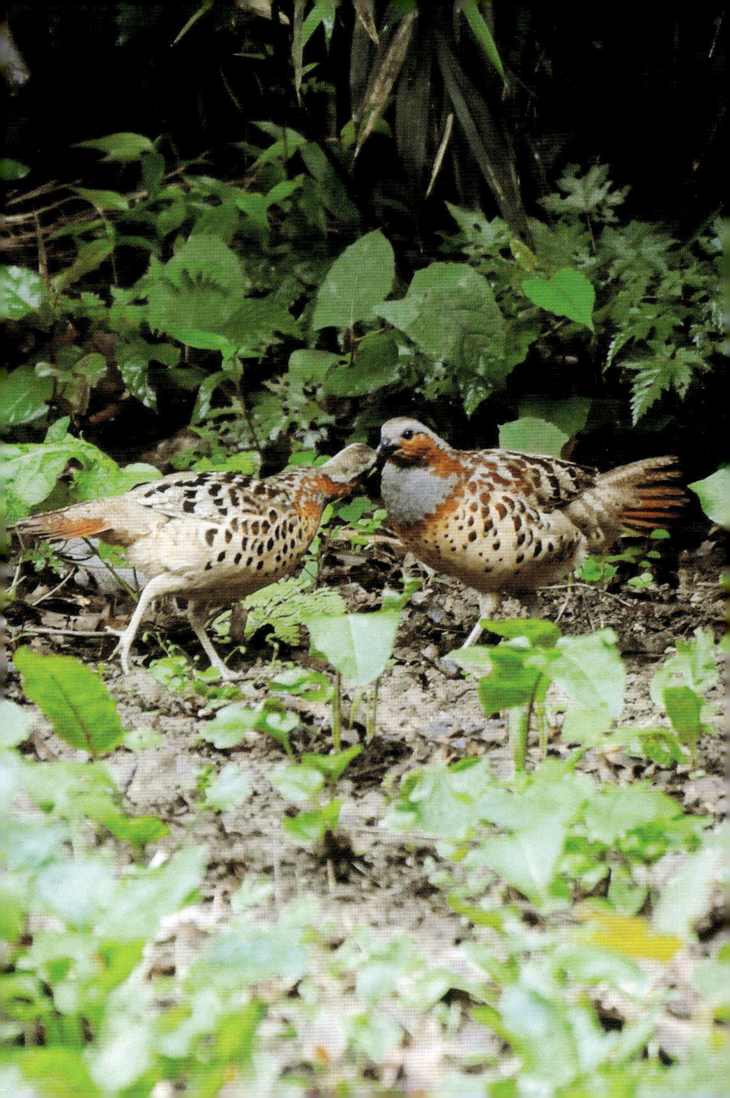

タンチョウ

ツル科　タンチョウ属

赤色

タンチョウ♂　140cm
カラス　　　56.5cm

ソデグロヅル
は白い

成鳥

若鳥

湿原、湖畔などで見られ、冬は給餌している場所に集まる。飛翔時には翼の後部中ほどから三列風切まで黒い。迷鳥**ソデグロヅル**は飛翔時は翼の先端（初列風切など）が黒い。本種は地上にいるとき、この黒い部分が尾のように見える。コウノトリのように枝や電信柱の上などにとまることはない。

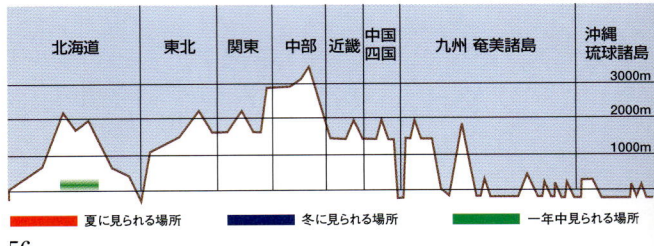

■ 夏に見られる場所　　■ 冬に見られる場所　　■ 一年中見られる場所

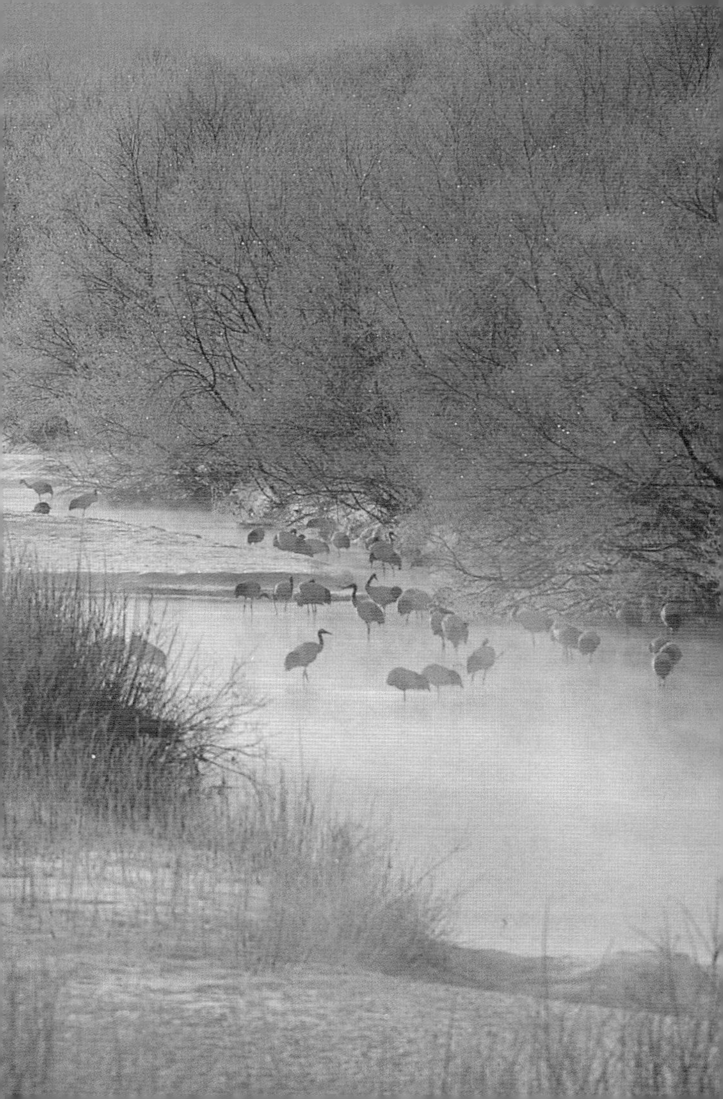

ナベヅル

ツル科　タンチョウ属

赤い

ナベヅル　96cm
カラス　56.5cm

ナベヅル

白っぽい

マナヅル

水田周辺で見られるが、鹿児島県の出水(いずみ)地方に集中する。全体に黒っぽいが、頭部と首全体は白い。同じ場所で**マナヅル**も見られる。全体が灰色っぽく額、前頭が赤いのは稀な迷鳥**カナダヅル**で、この他に数種のツルの記録がある。

ツルの仲間はサギの仲間のように首を縮めて飛ぶことは少ない。

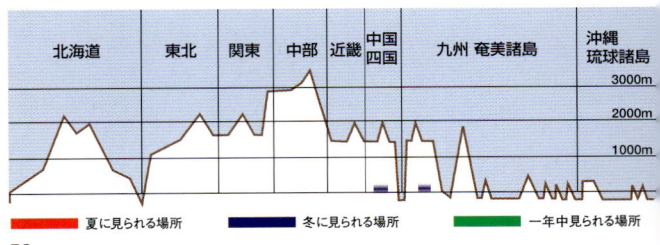

| 北海道 | 東北 | 関東 | 中部 | 近畿 | 中国四国 | 九州 | 奄美諸島 | 沖縄琉球諸島 |

3000m
2000m
1000m

夏に見られる場所　　冬に見られる場所　　一年中見られる場所

クイナ

クイナ科　クイナ属

赤黒っぽい

横斑

クイナ　29cm
ドバト　33cm

河川のヨシ原、湿地などの草むらの中にいて、水辺に出てくることはほとんどない。よく似たバン幼鳥の横斑は斜めで白色斑、くちばしも短い。ムクドリぐらいの大きさの**ヒクイナ**は顔、胸、脚が赤い。**ヒメクイナ**はムクドリより小さく、背中に白い横斑がある。

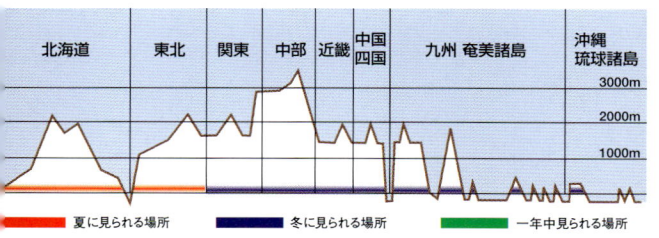

| 北海道 | 東北 | 関東 | 中部 | 近畿 | 中国四国 | 九州 | 奄美諸島 | 沖縄琉球諸島 |

■ 夏に見られる場所　■ 冬に見られる場所　■ 一年中見られる場所

ヤンバルクイナ

クイナ科　ヤンバルクイナ属

赤色

横斑が胸から首まであるが、**オオクイナ**は腹のみ

ヤンバルクイナ	30cm
ドバト	33cm

沖縄県本島北部の亜熱帯の森（ヤンバルの森）のみで見られる。夕方「キュ、キュ、キュ、…」と大きな声で鳴く。生態は詳しくは分かっていないが、日中、林や沢沿いで餌となる昆虫や小動物を探しているようだ。目撃例は早朝、道路に出てきたケースが多い。よく似た**オオクイナ**は本種より小さい。

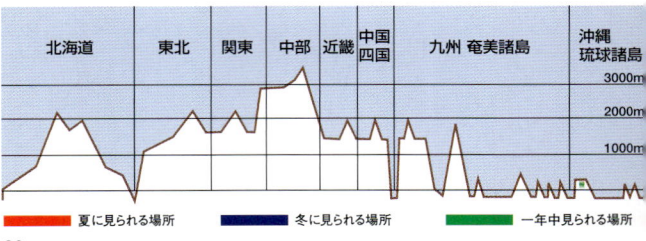

■ 夏に見られる場所　　■ 冬に見られる場所　　■ 一年中見られる場所

バン

クイナ科　バン属

色
白色斑紋、幼鳥
にもある
バン
白色
オオバン

バン　32cm
ドバト　33cm

湖、池、河川などの岸辺付近で見られる。ヨシ原などの近くを泳ぎ、広い場所に出ることは少ない。よく似た**オオバン**は小集団で水辺を泳ぐことも多い。両種とも全体に黒っぽいが、幼鳥は褐色で黒くは見えない。バンの幼鳥には成鳥と同じ場所の脇付近に白色斑紋があるが、オオバン幼鳥にはない。

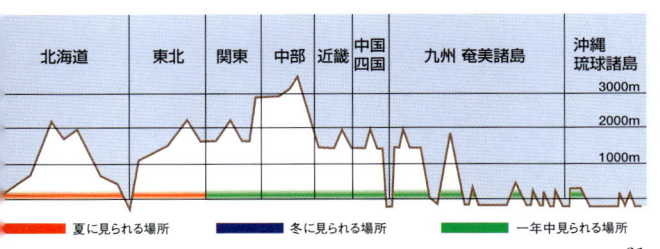

| 北海道 | 東北 | 関東 | 中部 | 近畿 | 中国四国 | 九州 | 奄美諸島 | 沖縄琉球諸島 |

■ 夏に見られる場所　　■ 冬に見られる場所　　■ 一年中見られる場所

アオゲラ

キツツキ科　アオゲラ属

黒色横斑　　　　　　　　黄緑色

| アオゲラ | 29cm |
| ドバト | 33cm |

林の中で見られる。「キョッ、キョッ」とも聞こえるキツツキ独特の鳴き声を覚えると見つけやすい。林の木々の間を巧みにすり抜けるように飛び、枝ではなく幹にとまる。背中に白黒のまんだら模様がなければ本州ならアオゲラ、北海道なら**ヤマゲラ**。アオゲラには腹に黒色横斑があるが、ヤマゲラにはない。

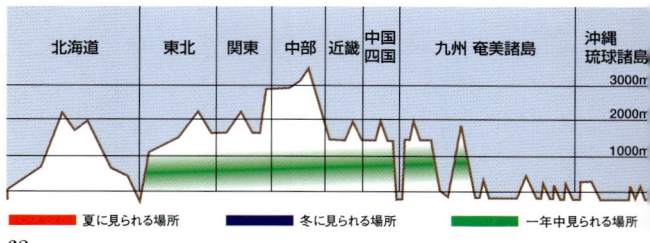

北海道　東北　関東　中部　近畿　中国四国　九州　奄美諸島　沖縄琉球諸島

3000m
2000m
1000m

■ 夏に見られる場所　　■ 冬に見られる場所　　■ 一年中見られる場所

アカゲラ

キツツキ科　アカゲラ属

アカゲラ　　24cm
ムクドリ　　23.8cm

黒色の縦斑

背中から見ると逆ハの字型の白斑

アカゲラ

逆ハの字型の白斑はない

オオアカゲラ

丘陵地から山地の林の中で見られる。基本的な仕草はアオゲラと同じ。よく似た**オオアカゲラ**は深山で見かけることが多いが、アカゲラと同じ場所にいることも珍しくない。
北海道、東北の一部には、大形で全身が黒く頭部が赤い**クマゲラ**が、沖縄本島には全身が黒っぽい**ノグチゲラ**がいる。

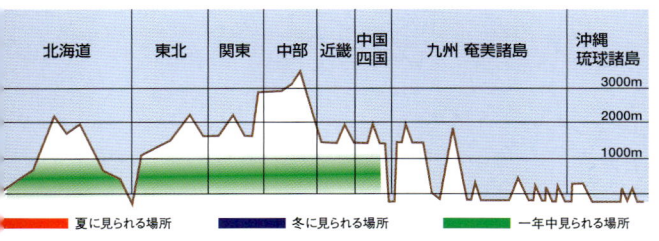

| 北海道 | 東北 | 関東 | 中部 | 近畿 | 中国四国 | 九州 | 奄美諸島 | 沖縄琉球諸島 |

3000m
2000m
1000m

■ 夏に見られる場所　　■ 冬に見られる場所　　■ 一年中見られる場所

63

コゲラ

キツツキ科　アカゲラ属

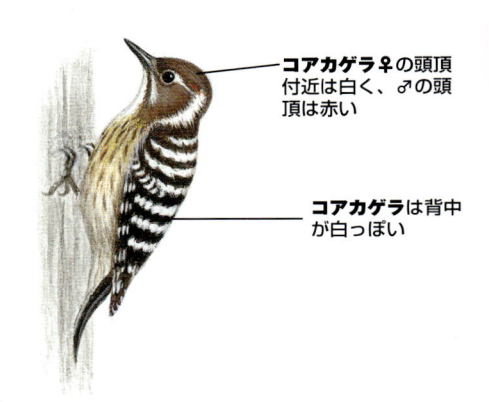

コアカゲラ♀の頭頂付近は白く、♂の頭頂は赤い

コアカゲラは背中が白っぽい

コゲラ　　15cm
スズメ　　14.5cm

山野の林の中、最近は都市部の木の多い公園でも見かける。「ギィー」と木製のドアがきしむ音のような独特の鳴き方をする。木々の間を巧みにすり抜け、幹から太い枝へと回るようにして虫などの餌を探す。北海道には本種と同じぐらいの大きさの**コアカゲラ**がいる。

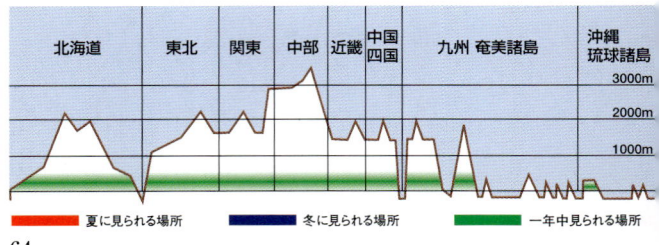

| 北海道 | 東北 | 関東 | 中部 | 近畿 | 中国四国 | 九州 | 奄美諸島 | 沖縄琉球諸島 |

夏に見られる場所　　冬に見られる場所　　一年中見られる場所

コノハズク

フクロウ科 コノハズク属

黄色
オオコノハズクは橙色

コノハズク 20cm
ムクドリ 23.8cm

主に山地の森にやって来るが、北海道、沖縄などでは平地でも見られる。日本のフクロウの仲間では最小。夕方から活動をはじめ、「ブッ、キョッ、コー、ブッ、キョッ、コー」と鳴き、仏法僧と聞きなされる。昔は本種ではなく、ブッポウソウがこのように鳴くと誤認されていた。

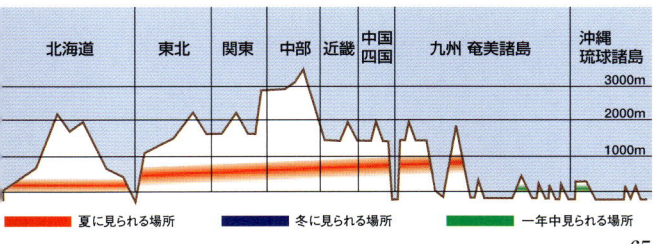

夏に見られる場所　　冬に見られる場所　　一年中見られる場所

シマフクロウ

フクロウ科　シマフクロウ属

白っぽい

ワシミミズクは羽角が細長く、目は橙色

シマフクロウ	**71cm**
カラス	**56.5cm**

海岸や湿地、比較的水量が豊かな河川周辺の森で見られる。とても大きなフクロウの仲間で、主に魚を餌とし、雛にはカエルなども運ぶ。巣は大樹の洞だが、条件に合うものが減少、巣箱を利用するものもいる。稀に飛来する**ワシミミズク**は大陸から南千島などで見られ、本種より少し小さい。

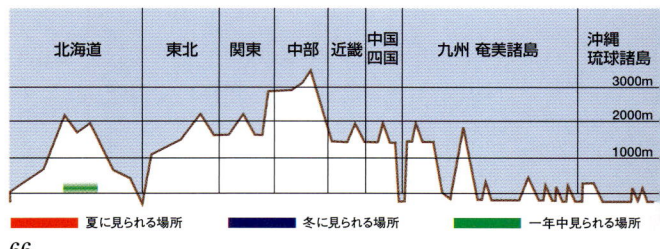

■ 夏に見られる場所　■ 冬に見られる場所　■ 一年中見られる場所

フクロウ

フクロウ科　フクロウ属

- 羽角がない
- 黒色

フクロウ　50cm
カラス　56.5cm

寺、神社などの巨木が残存する場所で見られる。ネズミなどを餌とするが、狩りは夜間とは限らない。体の大きさに比べて翼が幅が広くて短く、顔が扁平なので飛翔姿での確認も容易。夜間「ホッホ、ゴルスク、ホッホ」とくり返し鳴く。トラフズクのような頭の上の羽角はない。

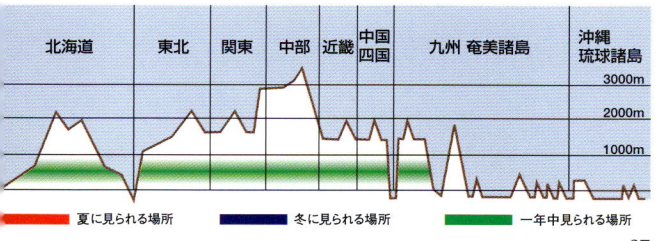

| 北海道 | 東北 | 関東 | 中部 | 近畿 | 中国四国 | 九州 | 奄美諸島 | 沖縄琉球諸島 |

夏に見られる場所　　冬に見られる場所　　一年中見られる場所

コミミズク

フクロウ科　トラフズク属

羽角が目立つ
黄色
コミミズク
橙色
トラフズク

コミミズク　38cm
ドバト　　　33cm

湿地、大きな河川などの草原で小集団となる。主に薄暮の頃から草原の少し上を飛び、ネズミなどを狙ってホバリング（停空飛翔）することもある。よく似た**トラフズク**は本州北部以北は夏鳥、本州南部、四国、九州では冬鳥。冬期は竹藪や常緑樹の大木などで小集団となる。

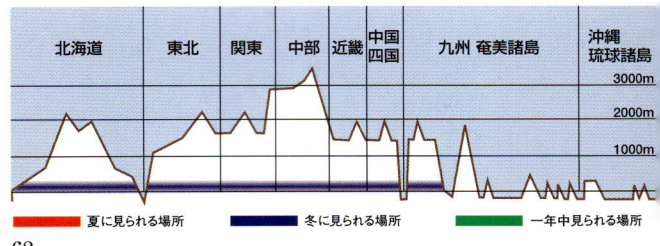

| 北海道 | 東北 | 関東 | 中部 | 近畿 | 中国四国 | 九州 | 奄美諸島 | 沖縄琉球諸島 |

■ 夏に見られる場所　　■ 冬に見られる場所　　■ 一年中見られる場所

アオバズク　　　　　　　　フクロウ科　アオバズク属

金色
頭部が黒っぽい

| アオバズク | 29cm |
| ドバト | 33cm |

平地から山地の寺、神社のケヤキなど、洞がある大きな木で見られ、特に林の中にはこだわらない。夕方から昆虫などを狙って飛んでいる姿を見かける。日中は葉の茂った枝に静止していて、常に同じ場所にいることが多い。主に夜間「ホッホゥ、ホッホゥ、ホッホゥ」と２音ずつ区切って鳴く。

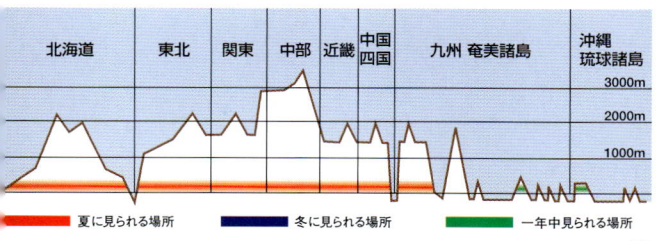

北海道　東北　関東　中部　近畿　中国四国　九州　奄美諸島　沖縄琉球諸島

3000m
2000m
1000m

■ 夏に見られる場所　　■ 冬に見られる場所　　■ 一年中見られる場所

ヨタカ

ヨタカ科　ヨタカ属

夕方の飛翔時に、翼の先端に白斑が見える

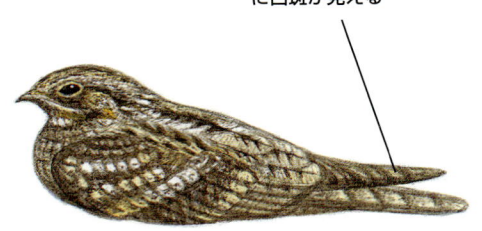

ヨタカ　29cm
ドバト　33cm

山地から畑地周辺の林などで見られる。見事な保護色をしており、太い横枝に重なるようにうずくまるので、見つけにくい。夜間「キョ、キョ、キョ、キョ、キョ、キョ、キョ、キョ……」と同じ調子で長く鳴く。ホトトギスなども夜鳴くことがあるが、強弱がある。

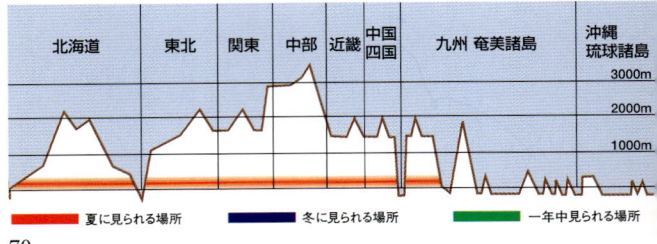

| 北海道 | 東北 | 関東 | 中部 | 近畿 | 中国四国 | 九州 | 奄美諸島 | 沖縄琉球諸島 |

夏に見られる場所　　冬に見られる場所　　一年中見られる場所

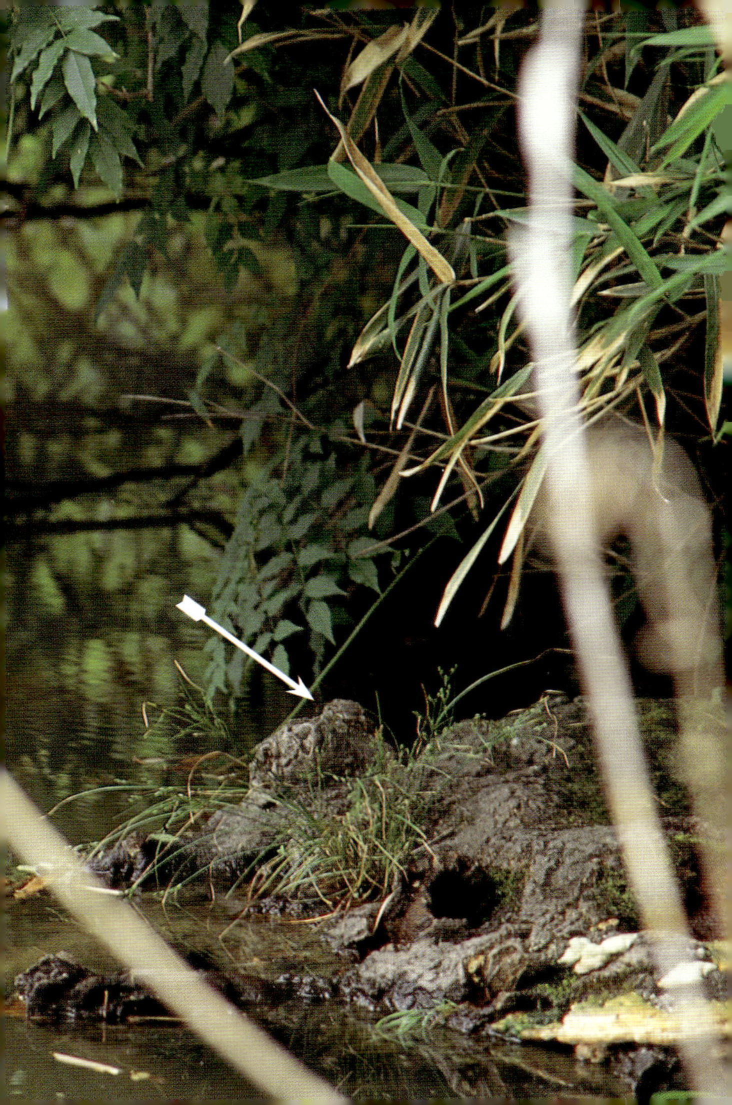

カラスバト

ハト科　カワラバト属

体に比べて頭部が小さい

カラスバト　40cm
カラス　　 56.5cm

亜熱帯の常緑樹林内に生息。早朝に梢の先端などで見かけることがある。「ウッウー、ウッウー」と太く低い声で鳴き、かなり遠くからでも聞こえる。体全体が黒色だが、光線の加減で金属光沢がある。数が少なく、近縁種の**リュウキュウカラスバト**、**オガサワラカラスバト**は絶滅したと考えられている。

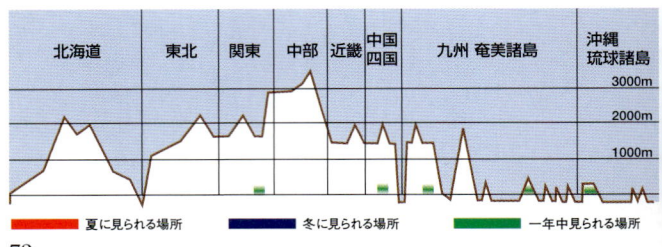

| 北海道 | 東北 | 関東 | 中部 | 近畿 | 中国四国 | 九州 | 奄美諸島 | 沖縄琉球諸島 |

3000m
2000m
1000m

■ 夏に見られる場所　　■ 冬に見られる場所　　■ 一年中見られる場所

キジバト

ハト科　キジバト属

こぶ

こぶはない

キジバト	33cm
ドバト	33cm

ドバト

キジバト

平野から山地の林、公園などで見られる。公園の広場などにいる**ドバト**のような大集団はつくらず、林に多い。つがいか小集団で行動し、街路樹に巣をつくることも多い。**シラコバト**は本種より少し小形で全体が灰色、頸側（けいそく）から後頸（こうけい）にかけて細い黒帯があり、関東地方に局地的に分布。

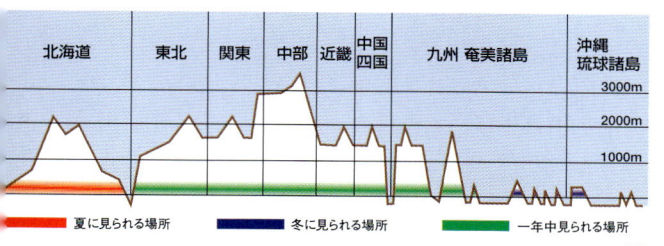

| 北海道 | 東北 | 関東 | 中部 | 近畿 | 中国四国 | 九州 | 奄美諸島 | 沖縄琉球諸島 |

夏に見られる場所　　冬に見られる場所　　一年中見られる場所

アオバト

ハト科　アオバト属

キンバトは胸から上は青灰色

アオバト　33cm
ドバト　　33cm

常緑樹林内で見られることが多い。単独〜小集団となり木の実などを餌としているが、初夏から秋の早朝、海岸に集まり海水を飲む集団もいる。「ホォーー、ホォーー、ホォアオー、…」と鳴く。奄美諸島以南で見られる**ズアカアオバト**は日本産は頭に赤色はなく、本種に非常に似ている。

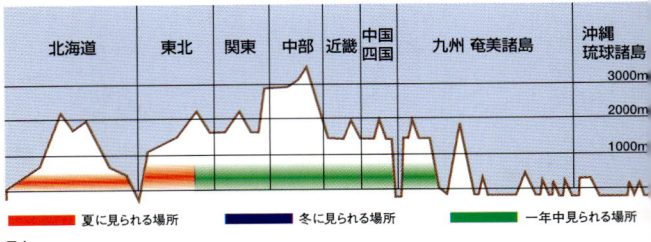

カッコウ

カッコウ科 カッコウ属

橙色っぽくはなく淡褐色

横斑はカッコウより太い

| カッコウ | ツツドリ | ホトトギス |

カッコウ　35cm
ドバト　　33cm

平地から山地の林、草原などで見られる。♂は見通しのよい枝先などで「カッコー、カッコー」と鳴く。よく似た**ツツドリ**は「ポポ、ポポ、ポポ、…」、より小形の**ホトトギス**は「キョッキョキョキョキョ、キョッキョキョキョキョ」と鳴く。野外でのカッコウとツツドリの姿の識別は難しい。

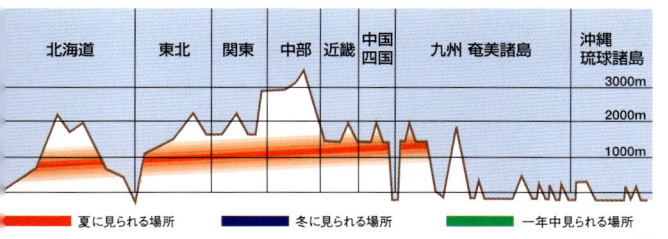

| 北海道 | 東北 | 関東 | 中部 | 近畿 | 中国四国 | 九州 | 奄美諸島 | 沖縄琉球諸島 |

■ 夏に見られる場所　■ 冬に見られる場所　■ 一年中見られる場所

ヒメアマツバメ　　アマツバメ科　アマツバメ属

翼が長く鎌状になる

ヒメアマツバメ

腹が白い。
ヒメアマツ
バメは黒色

イワツバメ

ヒメアマツバメ　13cm
スズメ　　　　14.5cm

都会のビルが多い場所から低山などで見られる。巣はイワツバメの古巣などを利用することが多い。山頂や大きな川の上空などで集団で飛んで空中の小さな昆虫などを捕らえる。イワツバメに似るが翼が少し長い。イワツバメと混在する場所では、より高い場所で滑空し舞う傾向がある。

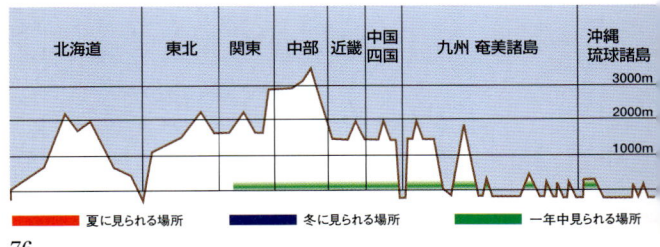

| 北海道 | 東北 | 関東 | 中部 | 近畿 | 中国四国 | 九州 | 奄美諸島 | 沖縄琉球諸島 |

夏に見られる場所　　冬に見られる場所　　一年中見られる場所

76

アマツバメ

アマツバメ科　アマツバメ属

翼が長く鎌状になる

深い凹型

| アマツバメ | 19cm |
| スズメ | 14.5cm |

同じぐらいの大きさで尾が短く凹状にならず、腰の白帯がはっきりしないのは**ハリオアマツバメ**

海岸から山地の大きな滝や断崖のあるような場所で見られる。集団で飛翔するが、高山の稜線などで気流に乗ると極めて速い。この時「ジュリリリ、ジュリリリ」と鳴くことも多い。翼は鎌形で長い。同じ仲間の**ハリオアマツバメ**は平地の草原や山地などで見られる。

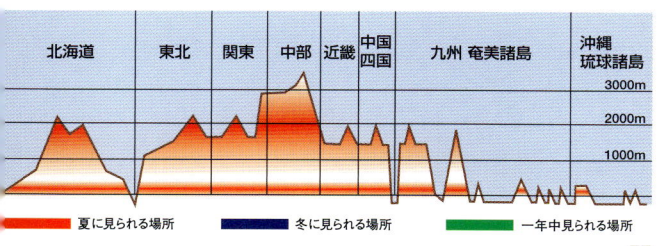

| 北海道 | 東北 | 関東 | 中部 | 近畿 | 中国四国 | 九州 | 奄美諸島 | 沖縄琉球諸島 |

■ 夏に見られる場所　■ 冬に見られる場所　■ 一年中見られる場所

ヤマセミ

カワセミ科　ヤマセミ属

冠羽

赤っぽい

♂
♀

ヤマセミ　38cm
ドバト　33cm

山地の渓流沿いで見られるが、崖などに隣接した大きな河川の平野部で見つかることもある。渓流に張りだした木の枝などにとまり、水面近くに浮いてくるウグイ、ヤマメなどの魚を狙う。山間部の養魚場にも姿を現す。「ケッ、ケッ、ケッ、…」などと一声ずつ区切って鳴きながら飛ぶことも多い。

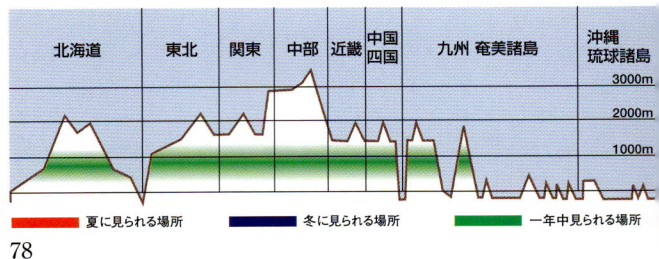

| 北海道 | 東北 | 関東 | 中部 | 近畿 | 中国四国 | 九州 | 奄美諸島 | 沖縄琉球諸島 |

3000m
2000m
1000m

■ 夏に見られる場所　　■ 冬に見られる場所　　■ 一年中見られる場所

カワセミ

カワセミ科 カワセミ属

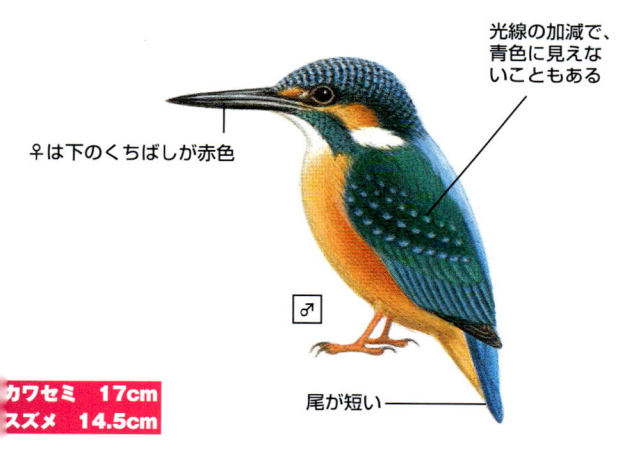

光線の加減で、青色に見えないこともある

♀は下のくちばしが赤色

♂

尾が短い

カワセミ 17cm
スズメ 14.5cm

平地、低山地の川沿いで見られる。最近、都市部の堀、池などにも進出している。土手のコンクリートの縁、杭などにとまり、川面の小魚を狙う。この時、一度水面の上でホバリング（停空飛翔）をしてから急降下することもある。「チーッ」と鋭く鳴きながら、水面すれすれに直線的に飛ぶことが多い。

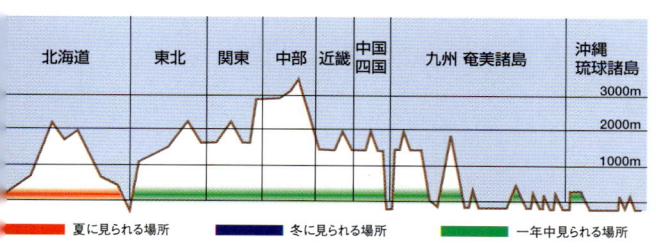

| 北海道 | 東北 | 関東 | 中部 | 近畿 | 中国四国 | 九州 | 奄美諸島 | 沖縄琉球諸島 |

3000m / 2000m / 1000m

■ 夏に見られる場所　■ 冬に見られる場所　■ 一年中見られる場所

アカショウビン

カワセミ科　アカショウビン属

太くて長い

同じ姿で頭部が黒く、背中が青いのは迷鳥
ヤマショウビン

アカショウビン	28cm
ドバト	33cm

山地の林や渓流沿いで見られ、沖縄では里周辺にもいる。餌にカワセミのような魚中心ではなく、昆虫やカエルなども食べる。「キョロロロ…」と透き通った美しい声で鳴く。おおむね林の中の枝などにとまっているが、早朝などに目立つ場所で鳴くこともある。

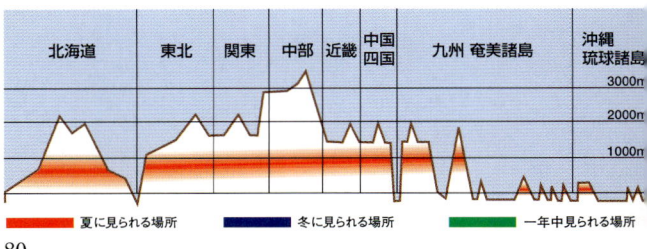

■ 夏に見られる場所　　■ 冬に見られる場所　　■ 一年中見られる場所

ブッポウソウ　　ブッポウソウ科　ブッポウソウ属

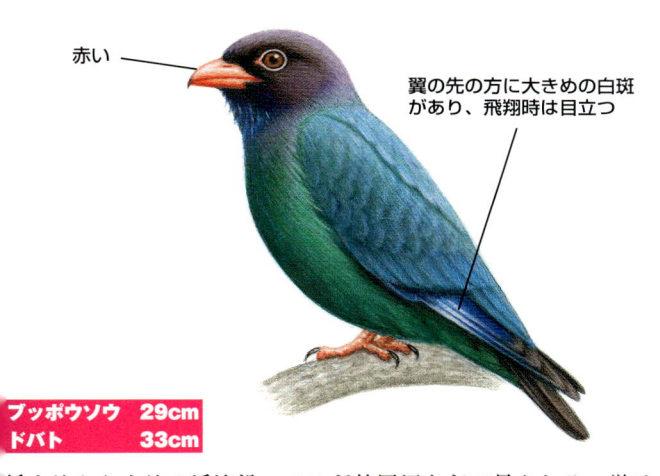

赤い

翼の先の方に大きめの白斑があり、飛翔時は目立つ

ブッポウソウ　29cm
ドバト　　　　33cm

低山地から山地の渓流沿いのスギ林周辺などで見られる。巣はムササビが使用した古巣を利用することが多い。かなり高い場所の枝にとまることが多く、飛翔中のカナブン、カブトムシなどの大形の甲虫も餌とする。鳴き声は「ゲッゲゲ」、「ブッポウソウ」と鳴くのはコノハズク。

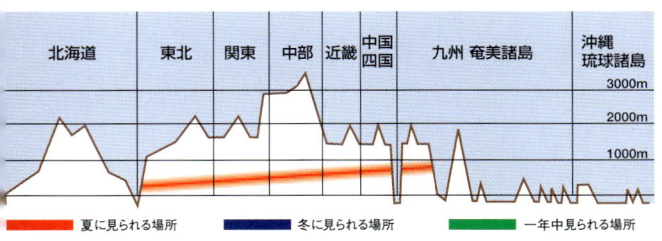

| 北海道 | 東北 | 関東 | 中部 | 近畿 | 中国四国 | 九州 | 奄美諸島 | 沖縄琉球諸島 |

■ 夏に見られる場所　　■ 冬に見られる場所　　■ 一年中見られる場所

タマシギ

タマシギ科　タマシギ属

白い。♂は少し黄色

白色の縦斑

♀

タマシギ♀　26cm
ムクドリ　23.8cm

水田、湿地周辺の草地などで見られる。繁殖期の♀は、夕方や夜に「コォーッ、コォーッ」と大きな声で鳴き続ける。♂はタシギなどに似た雰囲気もあるが、タシギには白いアイリングはない。抱卵、子育てはすべて♂で、産卵が終わった♀は、新たな♂を求めて立ち去る。

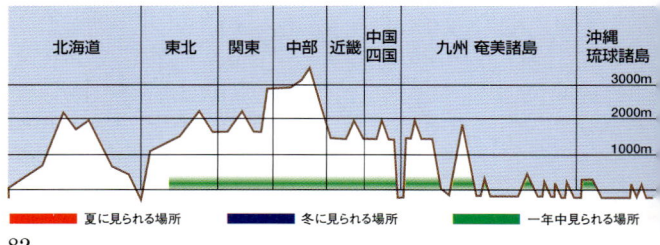

■ 夏に見られる場所　　■ 冬に見られる場所　　■ 一年中見られる場所

ミヤコドリ

ミヤコドリ科　ミヤコドリ属

頭部が黒い

太くて赤色

ミヤコドリ　45cm
カラス　　　56.5cm

旅鳥もしくは冬鳥で数は少なく、日本海側で見られることが多い。数羽から十数羽ほどの集団となる。岩礁、砂浜などが混在し、潮の干満のある場所で見られる。潮が引くと二枚貝などを食べに飛来する。地上に降りている時は翼は黒く見えるが、飛翔時は翼上部に広い白帯がある。

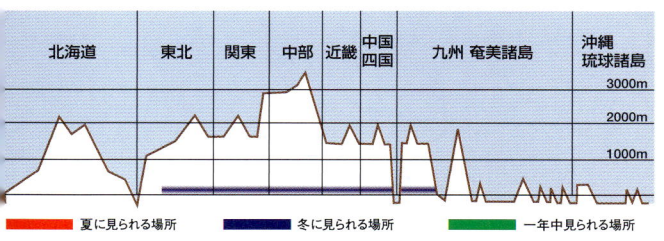

| 北海道 | 東北 | 関東 | 中部 | 近畿 | 中国四国 | 九州 | 奄美諸島 | 沖縄琉球諸島 |

夏に見られる場所　　　冬に見られる場所　　　一年中見られる場所

コチドリ

チドリ科 コチドリ属

アイリングははっきりしている

黒色。♀は多少薄いが額部分は黒色が多い

♂夏

白い翼帯が見えない

コチドリ 16cm
スズメ 14.5cm

河川の小石混じりの砂地や、造成地などの砂礫地でも見られる。地上を速いスピードで走り、急停止したりして動き回ることが多い。「ピウ、ピウ、ピウ、…」と鳴く。イカルチドリに似るが少し小さい。過眼線の黒色が特徴だが、♀や幼鳥は淡い色のものもあり、すべてには当てはまらない。

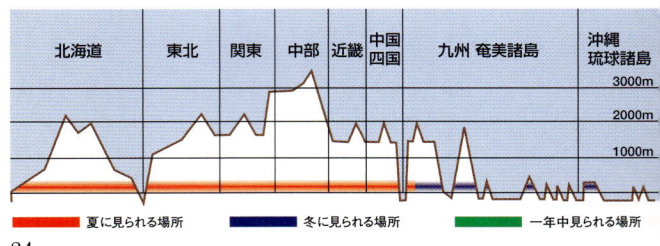

| 北海道 | 東北 | 関東 | 中部 | 近畿 | 中国四国 | 九州 | 奄美諸島 | 沖縄琉球諸島 |

夏に見られる場所　　冬に見られる場所　　一年中見られる場所

イカルチドリ

チドリ科　コチドリ属

コチドリより長く、先端で細くなる

灰色。♀は額部分は黒色と灰色が混ざるものが多い

白い翼帯がはっきりではないが見える

アイリングはあるが不鮮明

♂夏

イカルチドリ　21cm
スズメ　　　　14.5cm

河川の中流域、上流域の中州などで見られる。丸石の多い場所では保護色で見つけにくいが、「ピ、ピ、ピ、ピ、…」とよく鳴くのでそれとわかる。コチドリより少し大きく動き回ることも少ない。飛翔時に白い翼帯が少し見える。同じ場所にいるイソシギなどの翼帯ははっきり見える。

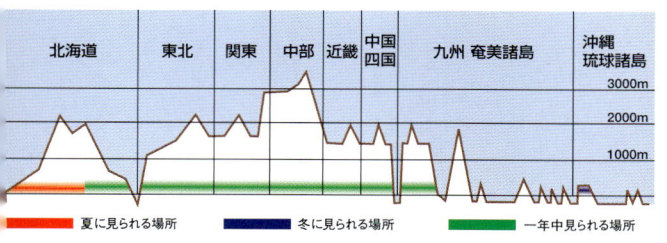

| 北海道 | 東北 | 関東 | 中部 | 近畿 | 中国四国 | 九州 | 奄美諸島 | 沖縄琉球諸島 |

夏に見られる場所　　冬に見られる場所　　一年中見られる場所

メダイチドリ

チドリ科　コチドリ属

橙色

夏

淡褐色になる

暗緑褐色。コチドリなどは黄色っぽい

冬

メダイチドリ　19cm
スズメ　　　14.5cm

海岸の砂浜周辺が中心だが、大きな河川、水田周辺でも見られる シロチドリなどと混群をつくることが多い。飛翔時にはっきり とした白い翼帯が見える。「チィ、…、チィリリ、…」と鳴く。 稀な旅鳥**オオメダイチドリ**は姿は似ているが大きくムクドリぐ らい、足が黄色っぽい。

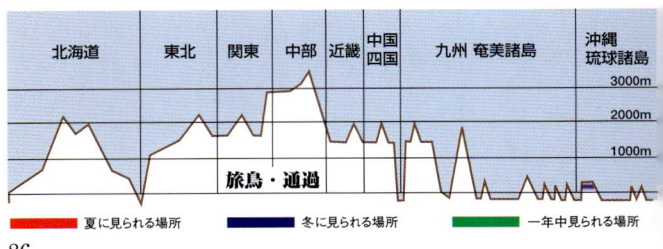

| 北海道 | 東北 | 関東 | 中部 | 近畿 | 中国四国 | 九州 | 奄美諸島 | 沖縄琉球諸島 |

旅鳥・通過

■ 夏に見られる場所　　■ 冬に見られる場所　　■ 一年中見られる場所

シロチドリ

チドリ科 コチドリ属

黒色
白色の輪状
黒帯がとぎれる
♂夏

幼鳥や成鳥でも黒帯がないこともある

黒っぽい。コチドリなどは黄色っぽい
冬

シロチドリ 17cm
スズメ 14.5cm

海岸周辺や河口の波打ち際などで見られる。冬期は大きな群れとなる。コチドリに似るが、飛翔時は白い翼帯がはっきりと見え、歩行時は胸の黒帯や足の色で識別できる。砂地で繁殖するが、他のコチドリ属と同様に砂礫地などに直接産卵する。「ピルッ」と鳴く。

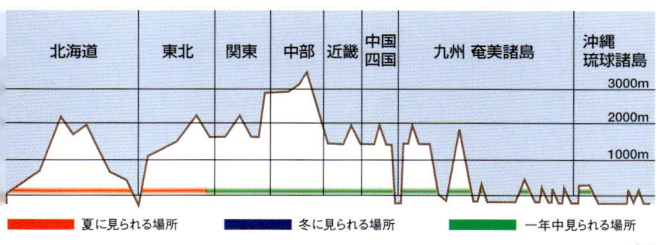

| 北海道 | 東北 | 関東 | 中部 | 近畿 | 中国四国 | 九州 | 奄美諸島 | 沖縄琉球諸島 |

夏に見られる場所　　冬に見られる場所　　一年中見られる場所

ムナグロ

チドリ科　ムナグロ属

褐色がかる
黒色
ムナグロ夏
褐色味はない
ムナグロ幼鳥
ダイゼン夏

ムナグロ　24cm
スズメ　14.5cm

大きな河川、水田周辺などで見られる。よく似た**ダイゼン**は干潟や砂浜が中心。夏羽は顔から胸、腹が黒いが、冬羽では全体に淡褐色となる。ダイゼンも季節によって同じような変化をするが、褐色味を帯びることはない。幼鳥も同じ傾向があるが、識別は難しいことが多い。

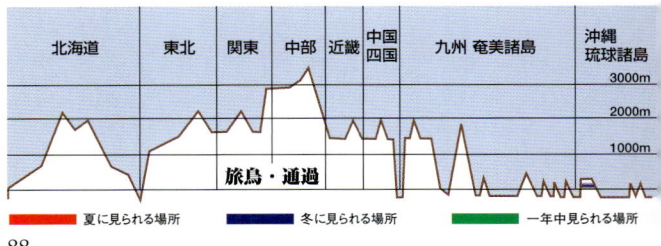

旅鳥・通過

夏に見られる場所　　冬に見られる場所　　一年中見られる場所

タゲリ

チドリ科　タゲリ属

冠羽

ケリ

タゲリ

タゲリ　32cm
ドバト　33cm

大きな河川、水田周辺などで見られる。渡りの時期は集団となるが、それ以外では単独や小集団で行動することもある。飛翔時は首輪状のはっきりした黒帯が目立ち、のど、胸、腹、翼下面の半分までが白い。同属の**ケリ**は大きく、飛翔時に似た雰囲気があるが、タゲリのような冠羽はなく、足が黄色い。

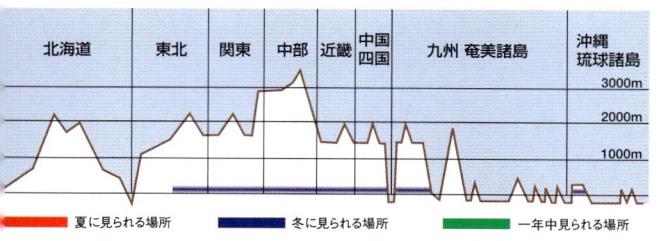

| 北海道 | 東北 | 関東 | 中部 | 近畿 | 中国四国 | 九州 | 奄美諸島 | 沖縄琉球諸島 |

夏に見られる場所　　冬に見られる場所　　一年中見られる場所

シギの仲間

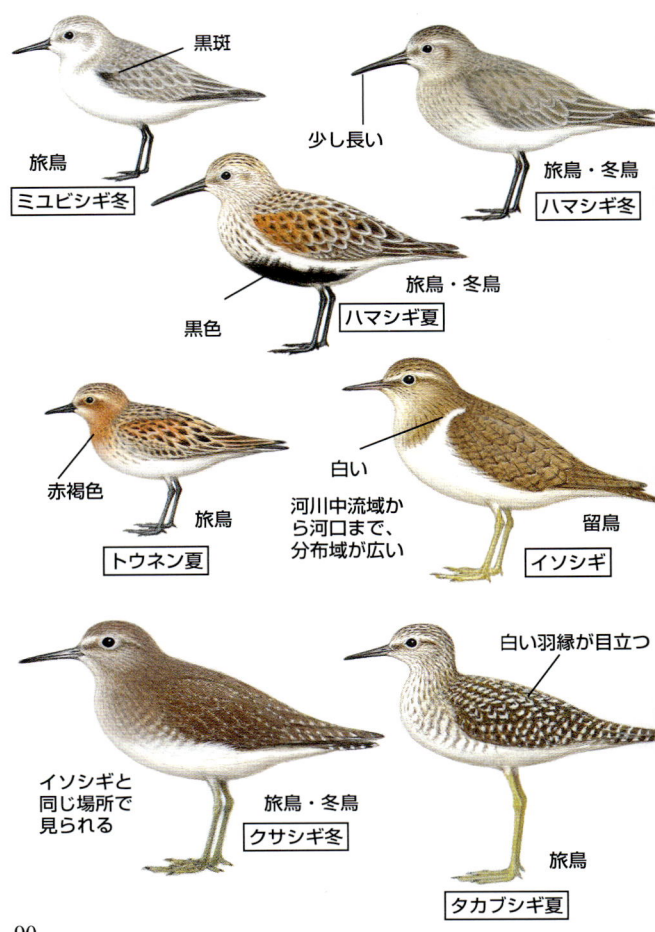

黒斑

旅鳥
ミユビシギ冬

少し長い

旅鳥・冬鳥
ハマシギ冬

黒色

旅鳥・冬鳥
ハマシギ夏

赤褐色
旅鳥
トウネン夏

白い
河川中流域から河口まで、分布域が広い
留鳥
イソシギ

白い羽縁が目立つ

イソシギと同じ場所で見られる
旅鳥・冬鳥
クサシギ冬

旅鳥
タカブシギ夏

シギ科

ハマシギ	21cm
ムクドリ	23.8cm

黒色
旅鳥
キョウジョシギ♂

黒色斑
旅鳥
オバシギ夏

少し反る
旅鳥
ソリハシシギ夏

全体に灰色
旅鳥
黄色
キアシシギ夏

冬鳥。**ハリオシギ、チュウジシギ**などとの区別は難しい
タシギ

夏鳥。高原の湿地などで見られ、枝の先などにとまる
オオジシギ

シギの仲間

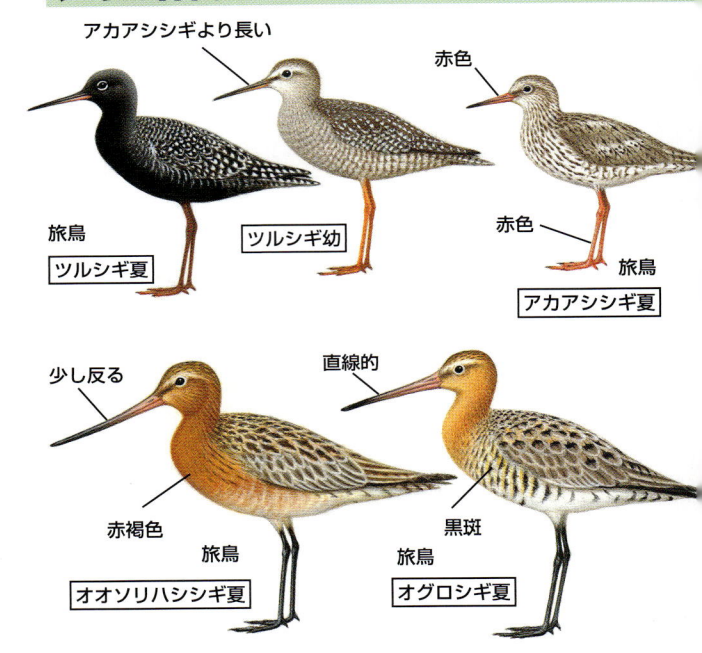

アカアシシギより長い

旅鳥
ツルシギ夏

ツルシギ幼

赤色
赤色
旅鳥
アカアシシギ夏

少し反る
赤褐色
旅鳥
オオソリハシシギ夏

直線的
黒斑
旅鳥
オグロシギ夏

シギ類は春と秋に見られる旅鳥が多い。多くは干潟、河口、水田に飛来。夏羽、冬羽、幼鳥などで異なる色、紋様になることも多いので、識別の基本はダイシャクシギのような大形、ツルシギのような中形、ハマシギのような小形で分ける。くちばしが直線的か、反っていないか、形や長さも重要。さらに腹の色、脚の色と検索する。これでかなり範囲を狭めることはできる。しかし、特徴がはっきりせず、判断がつかないことも多い。

シギ科

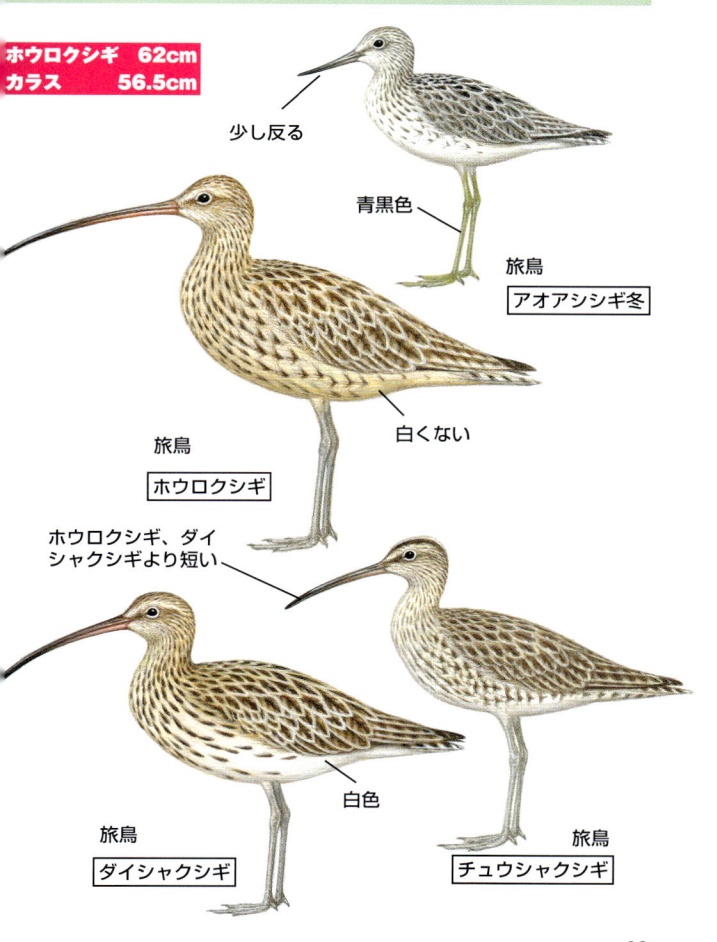

ホウロクシギ　62cm
カラス　　　56.5cm

少し反る

青黒色

旅鳥
アオアシシギ冬

白くない

旅鳥
ホウロクシギ

ホウロクシギ、ダイシャクシギより短い

白色

旅鳥
ダイシャクシギ

旅鳥
チュウシャクシギ

93

カモメの仲間

- 黒と赤斑
- 濃い。カモメは薄い
- ウミネコ冬
- 1年目若鳥は濃褐色
- ウミネコ若
- 赤黒色。**ミツユビカモメ**成鳥は黄色 **ズグロカモメ**は黒色
- ユリカモメ冬
- 濃淡がある
- ユリカモメ若
- **ズグロカモメ**夏羽は濃茶色ではなく黒色
- 後頭部は白色
- ユリカモメ夏

ウミネコ　47cm
カラス　56.5cm

日本では約20種のカモメの仲間が記録されている。この成鳥と若鳥（1年目）若鳥（2年目）は地色や紋様、くちばしの色などが異なるのが普通で、夏羽、冬羽も違う。冬に見られる代表的な種類は、まず大きさで分けてから細部を観察する。
●体長60cm以上（大形のカモメ類・カラスよりずっと大きい）
オオセグロカモメ、セグロカモメ、シロカモメ、ワシカモメ
●体長45cm以下（ハトぐらいか、カラスよりずっと小さい）
ウミネコ、カモメ、ユリカモメ、ミツユビカモメ、ズグロカモメ

カモメ科 カモメ属

- 黄色
- 淡い。ウミネコは濃い
- カモメ冬
- 1年目若鳥は褐色斑紋
- カモメ若

- 赤色
- 濃い
- オオセグロカモメ冬
- 薄い
- オオセグロカモメ若

ワシカモメ
は太い

- 赤色
- 薄い
- セグロカモメ冬
- 濃い。**シロカモメ**は白色
- セグロカモメ若

コアジサシ

カモメ科　アジサシ属

白色

黄色、先端は黒色

コアジサシ夏

コアジサシ幼鳥

黒色

アジサシ夏

コアジサシ　28cm
ドバト　　　33cm

砂浜、河川の中州の砂や小石の多い場所などで集団で見られる。空中でホバリング（停空飛翔）して、急降下、魚などを捕まえる。砂や小石の多い地面に簡単な浅いくぼみをつくって産卵、子育て時期にカラスなどが巣に近づくと、集団で追い払う。旅鳥**アジサシ**はコアジサシより大きい。

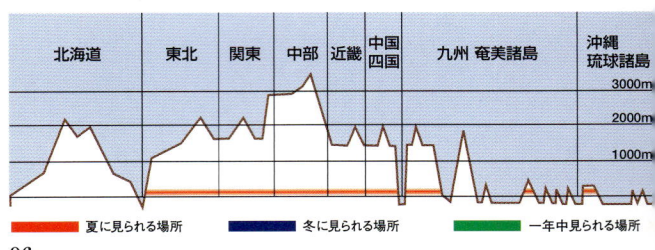

| 北海道 | 東北 | 関東 | 中部 | 近畿 | 中国四国 | 九州 | 奄美諸島 | 沖縄琉球諸島 |

■ 夏に見られる場所　　■ 冬に見られる場所　　■ 一年中見られる場所

ソウシチョウ

チメドリ科　ソウシチョウ属

凹む

ソウシチョウ　15cm
スズメ　　　14.5cm

林の下の笹藪などで小集団で見られる。飼い鳥として中国などから移入されたものが野生化した。姿は美しく、似た種類は見あたらない。丘陵地、低山地ではウグイスなどと生息域が重なり、数も増加傾向で、影響が心配されている。特定外来生物に指定されている。

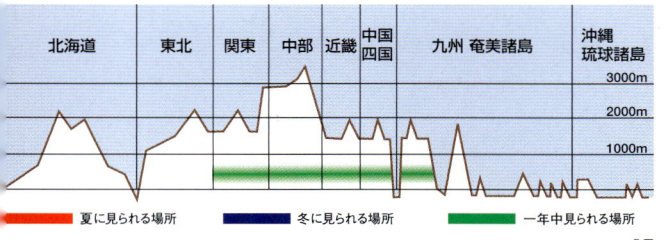

| 北海道 | 東北 | 関東 | 中部 | 近畿 | 中国四国 | 九州 | 奄美諸島 | 沖縄琉球諸島 |

■ 夏に見られる場所　　■ 冬に見られる場所　　■ 一年中見られる場所

ガビチョウ

チメドリ科　ガビチョウ属

白斑

ガビチョウ　25cm
ムクドリ　23.8cm

林の下の藪などで見られる。小集団で行動することが多い。1990年代後半から急に増えだした外来種。鳴き声はとても大きく、「ホイポー、ホイポー、…」とも聞こえる。同属の顔が黒い**カオグロガビチョウ**も野生化しているが、地域も限定され、さほど多くはない。

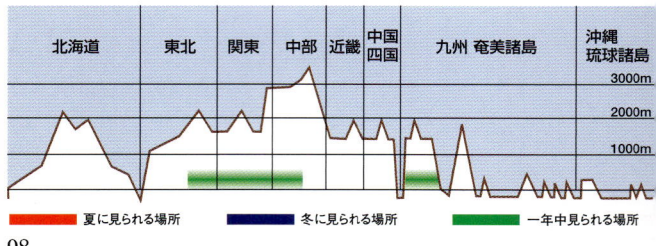

ヒバリ

ヒバリ科　ヒバリ属

- 冠羽がある
- ビンズイのような白斑はない

ヒバリ　17cm
スズメ　14.5cm

背丈の低い草原が広がる河原、畑地などで見られる。♂は早春から初夏の繁殖期に「ピーチク、ピーチュル、…」などとさえずりながら空高く上昇する。後頭部に冠羽がある。冬鳥のカシラダカも冠羽があるが、胸の斑点は褐色で、はっきりしないこともある。タヒバリなどのように尾を上下に振ることはない。

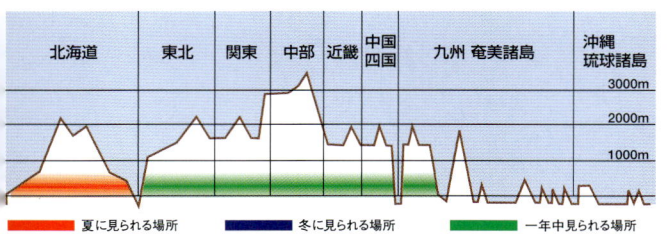

| 北海道 | 東北 | 関東 | 中部 | 近畿 | 中国四国 | 九州 | 奄美諸島 | 沖縄琉球諸島 |

■ 夏に見られる場所　　■ 冬に見られる場所　　■ 一年中見られる場所

ツバメ

ツバメ科　ツバメ属

白色
黒色縦斑
ツバメ
コシアカツバメ

ショウドウツバメは首に褐色帯
リュウキュウツバメは腹が灰褐色

尾が短い

イワツバメ

ツバメ　17cm
スズメ　14.5cm

ツバメは北海道南部以南、**コシアカツバメ**も同じような場所で見られるが寒冷地では少ない。**イワツバメ**は全国に飛来し、高山から平地まで見られる。**リュウキュウツバメ**は留鳥で沖縄や周辺の島で見られる。**ショウドウツバメ**は夏鳥として北海道に飛来、スズメよりも小さい。

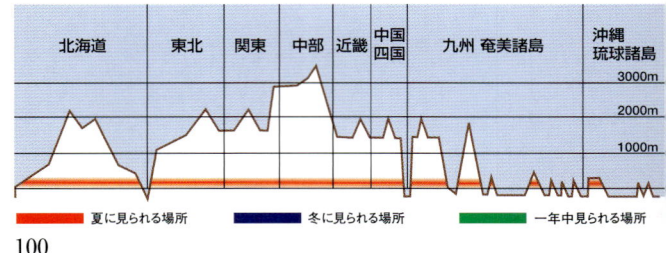

| 北海道 | 東北 | 関東 | 中部 | 近畿 | 中国四国 | 九州 | 奄美諸島 | 沖縄琉球諸島 |

夏に見られる場所　　冬に見られる場所　　一年中見られる場所

キセキレイ

セキレイ科　ハクセキレイ属

白いものが多い

黒い。
冬は白色

♂夏

♀

足は肉色

キセキレイ　20cm
ムクドリ　23.8cm

渓流から河川の中流域周辺でも見られる。腹が黄色い鳥で、長い尾を上下に振りながら、渓流の小石づたいに移動し、昆虫などを採食する。電線などでさえずることもある。北海道北部に夏鳥としてやって来る**ツメナガセキレイ**はよく似ているが、足が黒い。

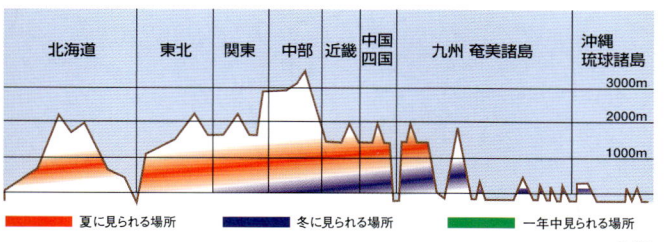

| 北海道 | 東北 | 関東 | 中部 | 近畿 | 中国四国 | 九州 | 奄美諸島 | 沖縄琉球諸島 |

夏に見られる場所　　冬に見られる場所　　一年中見られる場所

ハクセキレイ

セキレイ科　ハクセキレイ属

- 頬は白い
- 普通、冬は背中が灰色で、♀と幼鳥は頭も灰色

夏

ハクセキレイ　21cm
ムクドリ　　23.8cm

河川周辺から、街中の駐車場などの空き地でも見られる。尾を上下に振りながら歩く。単独行動が多いが、繁殖期には大きな屋根のすき間などのねぐらで集団となる。セグロセキレイに似るが、識別は頬の色でできる。幼鳥は顔も灰色で白っぽい眉斑があり、セグロセキレイの幼鳥はほとんどない。

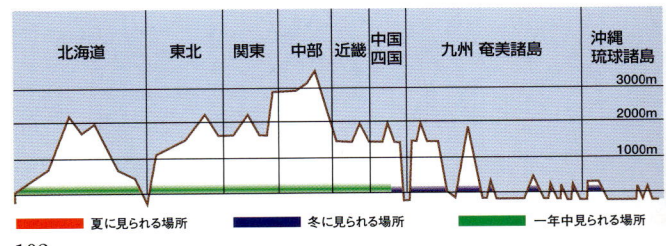

セグロセキレイ

セキレイ科　ハクセキレイ属

頬は黒い

夏

セグロセキレイ　21cm
ムクドリ　　　　23.8cm

渓流から河川の中流域周辺でも見られ、下流域への移動はしない。長い尾を上下に振りながら、川の小石づたいに移動し、「ビビッ、ビビッ、…」と鳴きながら水面近くを波状に飛ぶ。仕草などはハクセキレイに似るが、大集団となることはなく、つがいが基本。

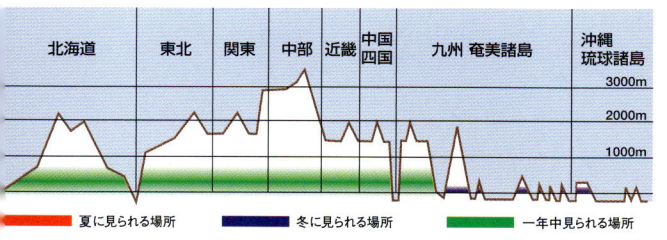

北海道　東北　関東　中部　近畿　中国四国　九州　奄美諸島　沖縄琉球諸島

3000m
2000m
1000m

夏に見られる場所　　冬に見られる場所　　一年中見られる場所

ビンズイ

セキレイ科　タヒバリ属

白斑

上下に振る

ビンズイ　16cm
スズメ　14.5cm

夏は高原や山小屋などの広場の端、冬は平地の松林などで小集団を見かける。「ツィー」とも聞こえる声で鳴き、尾羽を上下に動かしながら地上を歩いていることも多い。タヒバリに似るが、ビンズイには目の後方に白い斑がある。胸の黒い縦斑などからヒバリに似た雰囲気もあるが冠羽がない。

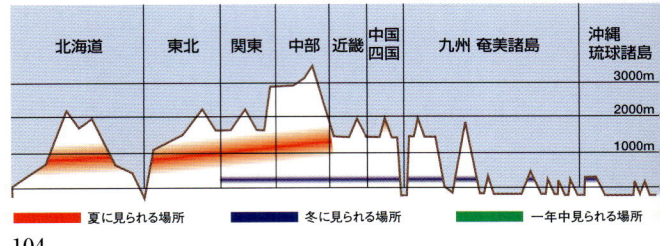

| 北海道 | 東北 | 関東 | 中部 | 近畿 | 中国四国 | 九州 奄美諸島 | 沖縄琉球諸島 |

■ 夏に見られる場所　　■ 冬に見られる場所　　■ 一年中見られる場所

タヒバリ

セキレイ科　タヒバリ属

- ヒバリのような冠羽はない
- 背中の縦斑紋が不明瞭
- 上下に振る

タヒバリ　16cm
スズメ　14.5cm

河口から河川中流域周辺、水田などで地上を歩いていることが多い。尾を上下に動かすなど、仕草はビンズイに似る。ビンズイに似るが林などでは見かけず、目の後方の白い斑がない。九州以南では背中の縦斑が黒くはっきりとした旅鳥の**ムネアカタヒバリ**が見られる。

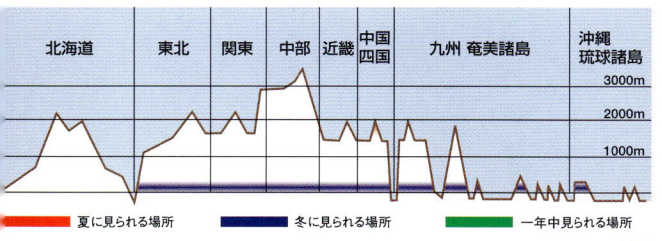

夏に見られる場所　　冬に見られる場所　　一年中見られる場所

サンショウクイ

サンショウクイ科　サンショウクイ属

白色 — (サンショウクイ)
白色 — (シロガシラ)

サンショウクイ
シロガシラ

サンショウクイ　20cm
ムクドリ　　　23.8cm

丘陵地から山地で見られる。高く波形状に飛び、高い枝先にとまり「ヒリリリ、ヒリリリリ」と鳴く。地上付近に降りることは少ない。飛ぶと翼にはっきりと白帯が見える。沖縄本島では雰囲気が似たシロガシラが増えている。台湾から持ち込まれたもので群れで行動することが多い。

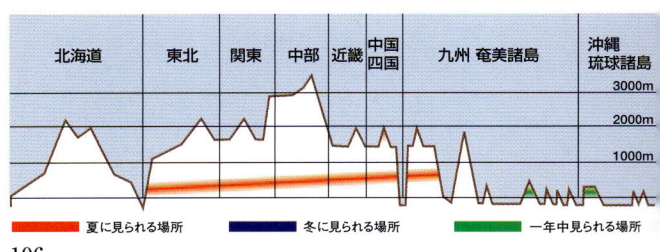

| 北海道 | 東北 | 関東 | 中部 | 近畿 | 中国四国 | 九州 | 奄美諸島 | 沖縄琉球諸島 |

3000m / 2000m / 1000m

■ 夏に見られる場所　　■ 冬に見られる場所　　■ 一年中見られる場所

ヒヨドリ

ヒヨドリ科　ヒヨドリ属

灰褐色

ヒヨドリ	27cm
ムクドリ	23.8cm

平野から山地の林などで多く見られる。「ピィ、ピィ、ピィ、…」と甲高い声で鳴きながら波形状に飛ぶ。秋に渡りをするものは大群となる。スズメやムクドリなどと同じく身近な鳥だが、地上に降りることはほとんどない。ツバキの花の蜜を吸うときなどにホバリング（停空飛翔）することもある。

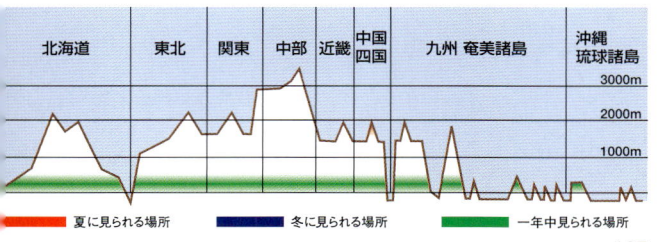

■ 夏に見られる場所　　■ 冬に見られる場所　　■ 一年中見られる場所

モズ

モズ科　モズ属

- 額の白色が狭いか、ない
- 白斑 ♀にはない
- 尾が長く、上下だけではなく左右にも振る

♂　♀

モズ　20cm
ムクドリ　23.8cm

畑地、河原周辺で見られる。縄張りを持ち単独行動が多い。秋から「キィー、キィー、キィー、チキチキチキ」と目立つ枝などで「高鳴き」をするが、ウグイスやコジュケイなど、いろいろな鳥の鳴き真似もする。これを「ひろい込み」という。くちばしの先端が曲がっており、尾が長い。

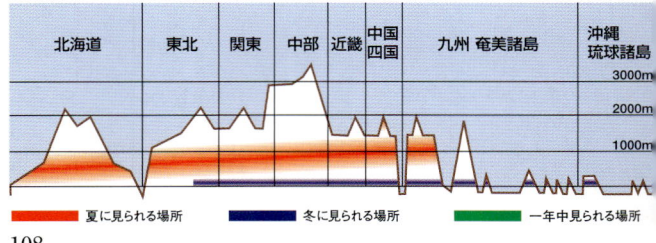

| 北海道 | 東北 | 関東 | 中部 | 近畿 | 中国四国 | 九州 | 奄美諸島 | 沖縄琉球諸島 |

- 夏に見られる場所
- 冬に見られる場所
- 一年中見られる場所

チゴモズ

モズ科　モズ属

- 額の白色が広い
- 灰褐色
- 赤褐色
- 白色

チゴモズ
アカモズ♂

チゴモズ	**18cm**
ムクドリ	**23.8cm**

低山地から山地のゴルフ場の松林、少し開けた場所などで見られる。しかし、繁殖後は林内から出ることは少ない。モズより小形で、くちばしが太い印象で、モズのような白い眉斑はない。同じ仲間の**アカモズ**も夏鳥で、大きさはモズぐらい、白い眉斑が額まであり、特に♂ははっきりしている。

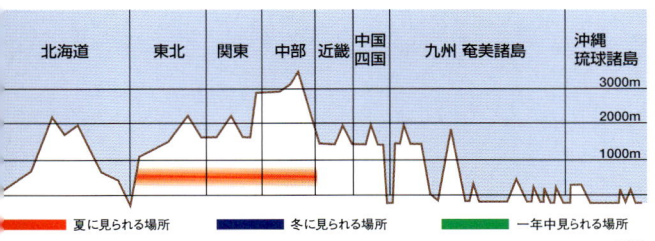

北海道	東北	関東	中部	近畿	中国四国	九州	奄美諸島	沖縄琉球諸島

■ 夏に見られる場所　　■ 冬に見られる場所　　■ 一年中見られる場所

ヒレンジャク

レンジャク科　レンジャク属

- 冠羽
- 冠羽
- ヒレンジャク
- キレンジャク
- 紅色
- 黄色

ヒレンジャク　17cm
スズメ　　　14.5cm

平野部のケヤキ、エノキなどの大木に寄生したヤドリギの実を好んで食べる。大群で飛来することもあり、一斉に「チリリ、…と鳴くと、家の中にいても分かるほど。よく似た**キレンジャク**が混ざることがある。キレンジャクの群れは山間部で見かけることが多く、尾の末端が黄色く翼の2カ所に白斑がある。

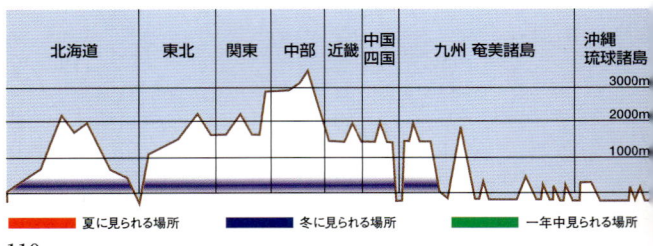

夏に見られる場所　　冬に見られる場所　　一年中見られる場所

レンジャクの仲間に食べられたヤドリギの果実は、種が消化されず粘液に包まれて排出される。これが枝にからまり、やがて発芽する。レンジャクの仲間とヤドリギは共生関係と思われる。

カワガラス

カワガラス科　カワガラス属

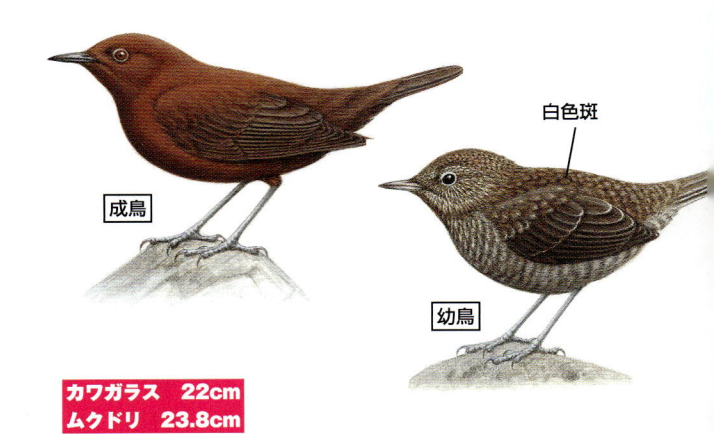

成鳥

幼鳥　白色斑

カワガラス　22cm
ムクドリ　23.8cm

山間部の渓流で見られる。全体に黒っぽく見え、時々水流の中に潜り込んで石などに付着している水生昆虫の幼虫をとらえて餌としている。繁殖期が早く、1月に入ると「チチー、ジョイ、ジョイ」とさえずる。4月には幼鳥も見られ、ミソサザイに似るが大きく、全体に白色斑が多い。

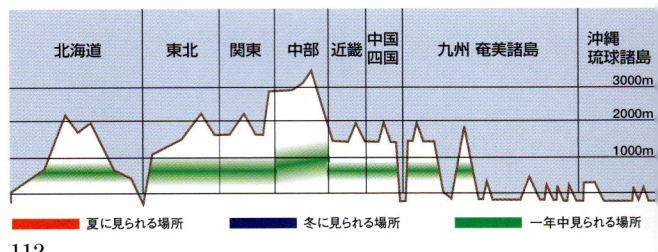

■ 夏に見られる場所　■ 冬に見られる場所　■ 一年中見られる場所

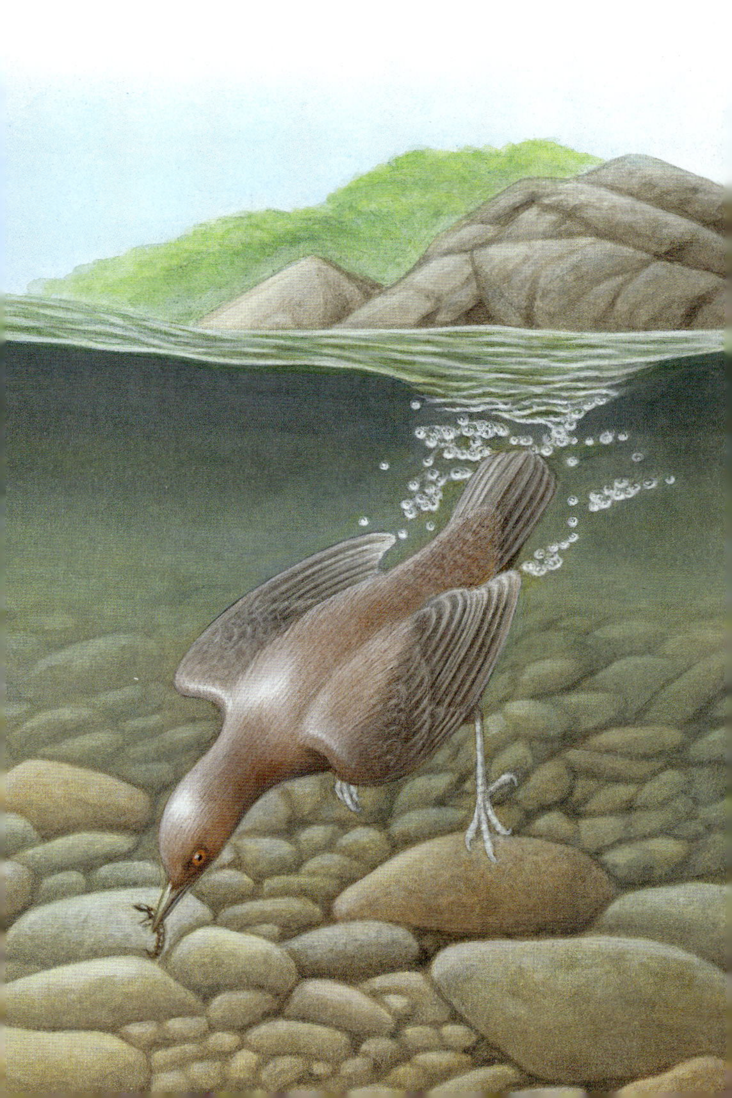

ミソサザイ

ミソサザイ科　ミソサザイ属

尾を立てる

ミソサザイ　10cm
スズメ　14.5cm

山地の源流域など、あまり水量の多くなく、岩が目立つ渓流などで見られる。明るい場所に出ることは少なく、木漏れ日の陰となる倒木の上などで尾を立てながら鳴く。さえずりはよく通る大きな声で「ツルルルル、スピスピスピ」などと複雑。冬には丘陵、低山地から平地まで下がる。

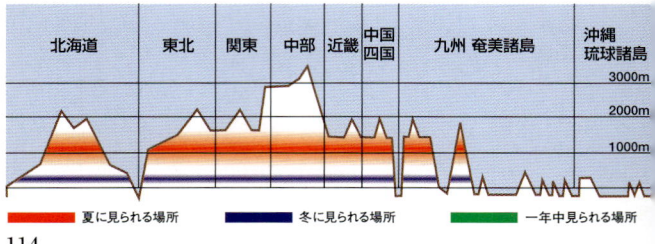

| 北海道 | 東北 | 関東 | 中部 | 近畿 | 中国四国 | 九州 | 奄美諸島 | 沖縄琉球諸島 |

夏に見られる場所　　冬に見られる場所　　一年中見られる場所

イワヒバリ

イワヒバリ科　カヤクグリ属

白帯

黒っぽく、黄色はない

イワヒバリ

カヤクグリ

イワヒバリ　18cm
スズメ　　14.5cm

ハイマツが目立つ高山の稜線付近の岩混じりの草原で見られる。この環境で繁殖するスズメのような種類はイワヒバリか、少し小さい**カヤクグリ**。カヤクグリはハイマツの中でも見かける。冬は稜線から姿を消し、山麓などで観察されているが、詳しい生態は分かっていない。

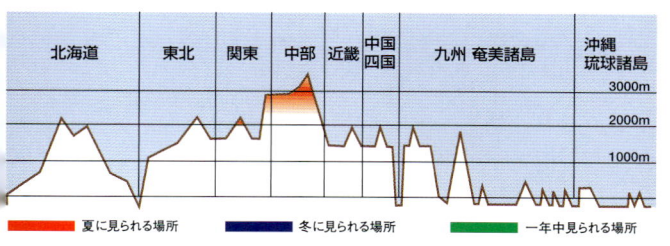

| 北海道 | 東北 | 関東 | 中部 | 近畿 | 中国四国 | 九州 | 奄美諸島 | 沖縄琉球諸島 |

■ 夏に見られる場所　　■ 冬に見られる場所　　■ 一年中見られる場所

コマドリ

ツグミ科　コマドリ属

黒帯。
♀にはない

♂

コマドリ　14cm
スズメ　14.5cm

ブナ林やシラビソなどの亜高山針葉樹がある山地の渓流沿いで見られる。「ヒーン、カラカラカラカラ」と特徴のある美しい声で鳴くが、「声はすれども姿は見えない！」の代表的な種類。よく似た赤い鳥としては同属の**アカヒゲ**があり、こちらは九州以南の南西諸島に限られる。

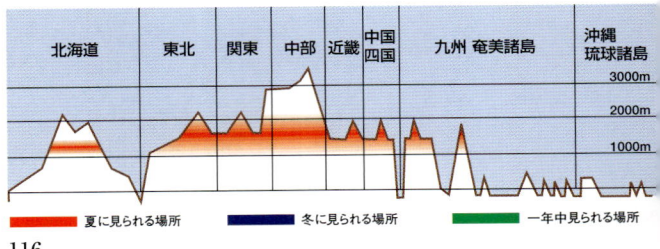

夏に見られる場所　　　冬に見られる場所　　　一年中見られる場所

コマドリのさえずりはよく通るが、姿は見えないことが多い。笹の下などの地上にいることが多く、見えにくい場所。

ノゴマ

ツグミ科　ノゴマ属

- 白色
- 赤色
- 白色が多い

♂
♀

ノゴマ　15cm
スズメ　14.5cm

海岸から続く広い草原や、高原の笹原などで見られる。♂は灌木の上などの目立つ場所で「キョロキリ、キョロキリ、キョロキリリー」などとさえずる。北海道以外の繁殖例はほとんどない渡りの時期には都会の緑の多い公園、丘陵地の竹林などで見られることがある。

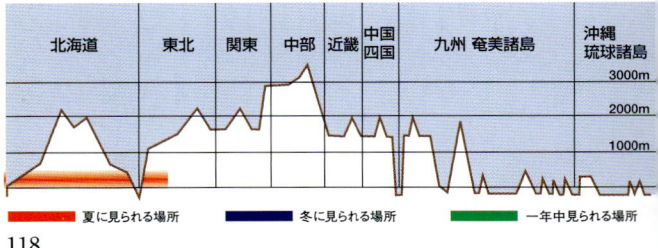

| 北海道 | 東北 | 関東 | 中部 | 近畿 | 中国四国 | 九州 | 奄美諸島 | 沖縄琉球諸島 |

■ 夏に見られる場所　　■ 冬に見られる場所　　■ 一年中見られる場所

コルリ

ツグミ科　ノゴマ属

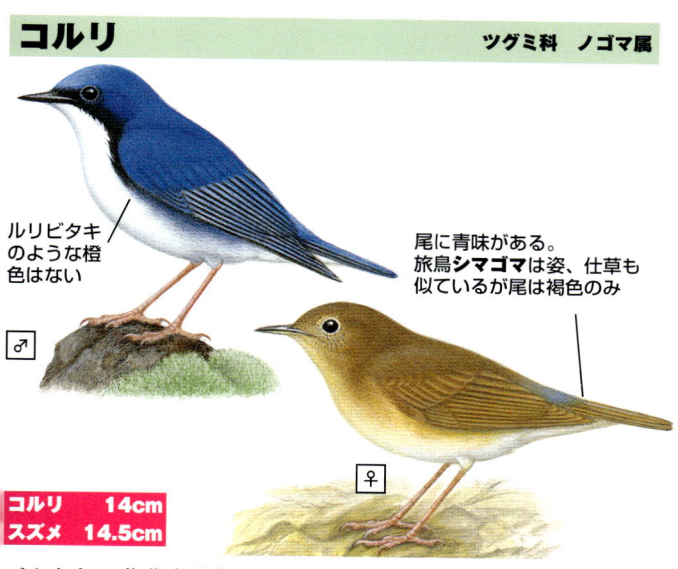

ルリビタキのような橙色はない

♂

尾に青味がある。旅鳥**シマゴマ**は姿、仕草も似ているが尾は褐色のみ

♀

| コルリ | 14cm |
| スズメ | 14.5cm |

ブナなどの落葉広葉樹の灌木や笹藪の下などで見られる。単独かつがいが多い。同じ青い鳥でも姿勢がルリビタキよりも頭を下げ気味。また、オオルリのように高い枝でさえずることもない。「ヒッ、ヒッ、カラカラ」とも聞こえるさえずりはコマドリに似ている。

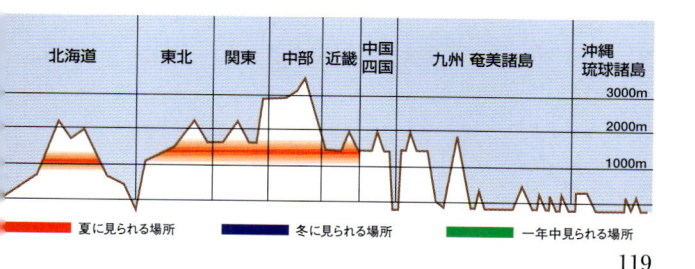

| 北海道 | 東北 | 関東 | 中部 | 近畿 | 中国四国 | 九州 | 奄美諸島 | 沖縄琉球諸島 |

夏に見られる場所　　冬に見られる場所　　一年中見られる場所

ルリビタキ

ツグミ科　ルリビタキ属

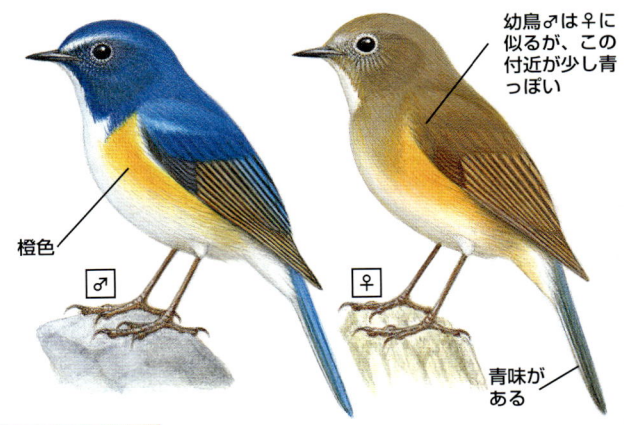

幼鳥♂は♀に似るが、この付近が少し青っぽい

橙色

♂

♀

青味がある

ルリビタキ　14cm
スズメ　14.5cm

夏は亜高山針葉樹林で、冬は丘陵地の林縁などで見られる。単独行動で縄張りをつくり、目の高さぐらいの木の枝などにとまっている。初夏には枯れ木の先端などで♂を見かける。♀と幼鳥は姿が似ている。冬期はジョウビタキと同じように「ヒッ、ヒッ、ヒッ、…」と鳴き、さほど人を恐れない個体が多い。

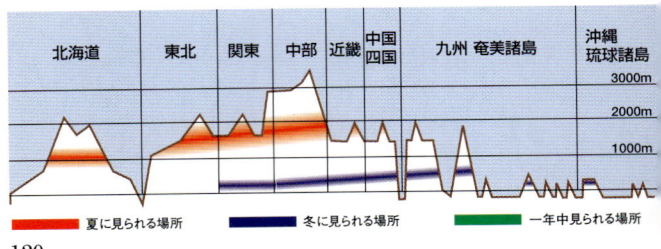

| 北海道 | 東北 | 関東 | 中部 | 近畿 | 中国四国 | 九州 | 奄美諸島 | 沖縄琉球諸島 |

夏に見られる場所　　冬に見られる場所　　一年中見られる場所

ジョウビタキ

ツグミ科　ジョウビタキ属

灰白色
白斑
♂
♀

ジョウビタキ　15cm
スズメ　　　　14.5cm

平地、丘陵地の畑や林の縁などで見られる。あまり広くない縄張りを単独で行動し、「ヒッ、ヒッ、ヒッ、…」と鳴く。秋にはすでに山深い谷間などに飛来して、降雪とともに里に下りるものも多い。本種は冬鳥だが、渡りの時期には夏鳥キビタキなどと同じ場所で見られることもある。

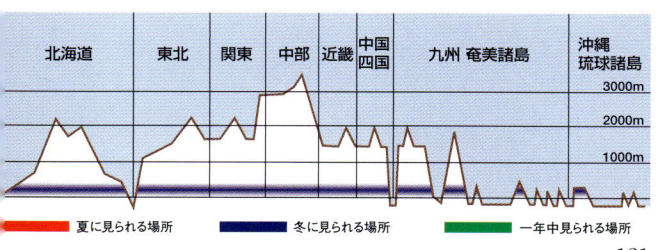

| 北海道 | 東北 | 関東 | 中部 | 近畿 | 中国四国 | 九州 | 奄美諸島 | 沖縄琉球諸島 |

■ 夏に見られる場所　　■ 冬に見られる場所　　■ 一年中見られる場所

121

ノビタキ

ツグミ科　ノビタキ属

秋の渡りの時期の♂は♀に似るが、首の白帯が残り、顔も少し黒い

白帯

秋の渡りの時期の♀は全体に色が淡くなる

白斑

♂夏

♀夏

ノビタキ　13cm
スズメ　14.5cm

北海道では平地の草原、本州では高原の草原周辺で見られる。同じような環境にホオアカがいることが多いが、縄張りが微妙に違う。秋の渡りの時期は平地の河川の草の穂先などで「ヒー、ツツツゥ、ヒー、ツツツゥ、…」などと鳴く姿を見かけるが、夏とは紋様などが異なる。

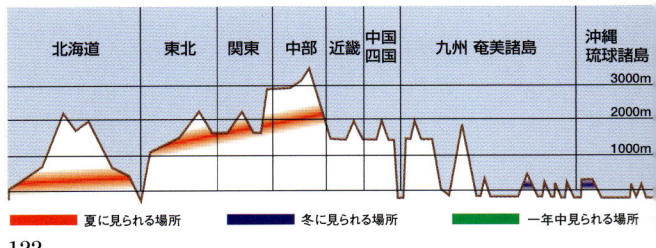

| 北海道 | 東北 | 関東 | 中部 | 近畿 | 中国四国 | 九州 | 奄美諸島 | 沖縄琉球諸島 |

■ 夏に見られる場所　　■ 冬に見られる場所　　■ 一年中見られる場所

イソヒヨドリ

ツグミ科　イソヒヨドリ属

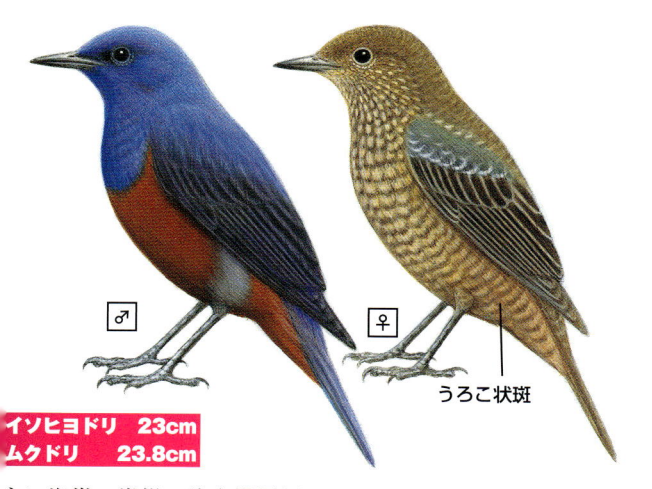

♂
♀

うろこ状斑

イソヒヨドリ　23cm
ムクドリ　　23.8cm

主に海岸の岩場、波止場周辺にいるが、河川沿いのビル周辺や山地のダム周辺でも目撃されることがある。主にカニ、昆虫などを餌とする。少し高い岩だななどでさえずり「ヒヨチー、ヒ、ヒヒ、ヒ、チュー」などとも聞こえる。オオルリなどの青い鳥のほとんどは森で見られ、海岸で見かけることはない。

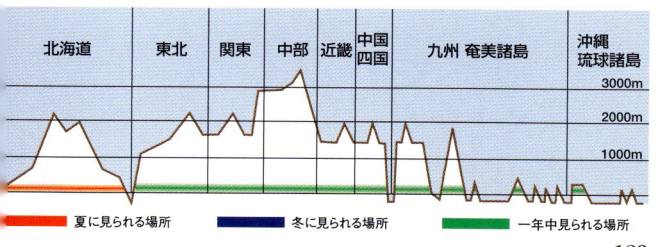

| 北海道 | 東北 | 関東 | 中部 | 近畿 | 中国四国 | 九州 | 奄美諸島 | 沖縄琉球諸島 |

■ 夏に見られる場所　　■ 冬に見られる場所　　■ 一年中見られる場所

クロツグミ

ツグミ科 ツグミ属

マミジロ♂♀には目立つ白色眉斑がある

白色
♂

♀

クロツグミ 22cm
ムクドリ 23.8cm

丘陵地から山地の明るい林で見られる。地上をとんとんと跳ねるように歩き、餌となる昆虫などを探す。全体の仕草などの雰囲気はシロハラと似ている。春から夏、早朝のまだ薄暗い頃に高い梢などで「キョロイ、キョロイ、ピョ、…、ジュリリリ」などと長くさえずる。

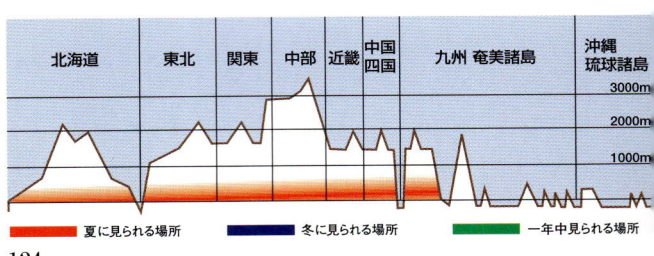

| 北海道 | 東北 | 関東 | 中部 | 近畿 | 中国四国 | 九州 | 奄美諸島 | 沖縄琉球諸島 |

■ 夏に見られる場所　■ 冬に見られる場所　■ 一年中見られる場所

アカハラ

ツグミ科　ツグミ属

赤色

| アカハラ | 24cm |
| ムクドリ | 23.8cm |

夏は高原周辺の明るい針葉樹林周辺で、冬期は市街地の公園でも見かけるが明るい場所には出てこない。地上をとんとんと跳ねるように歩き、餌となる昆虫などを探す。早朝のまだ薄暗い頃、高い梢などの目立つ場所に出てきて「キョロン、キョロン、チリリ、…」とさえずる。

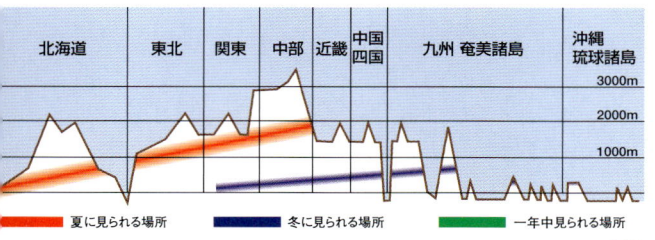

夏に見られる場所　　冬に見られる場所　　一年中見られる場所

シロハラ

ツグミ科 ツグミ属

白色

先端が白色

シロハラ	24cm
ムクドリ	23.8cm

平地から丘陵地の林などで見られる。群れで飛来するが、真冬はほとんどが単独行動。地上をとんとんと跳ねるように歩き枯れ葉の下の昆虫などを探す。「ツイーー、ツイーー、ツツツッツィ、…」などと鳴く。仕草や雰囲気はアカハラなどに似ており、明るい場所に出ることはあまりない。

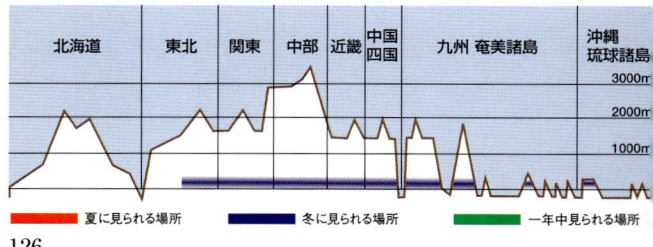

■ 夏に見られる場所　　■ 冬に見られる場所　　■ 一年中見られる場所

ツグミ

ツグミ科　ツグミ属

- 白色
- 胸の斑紋はいろいろある

ツグミ	24cm
ムクドリ	23.8cm

平野から丘陵地、山地の場合は開けた場所で見られる。秋頃は木の実などを好み、冬は単独行動で地上をとんとんと跳ねるように歩き、枯れ葉の下の昆虫などを探す。眉斑は白色で背中と尾は褐色、翼の外側は明るい茶色。**マミジロ♂**は全体に黒く褐色ぽさはない。

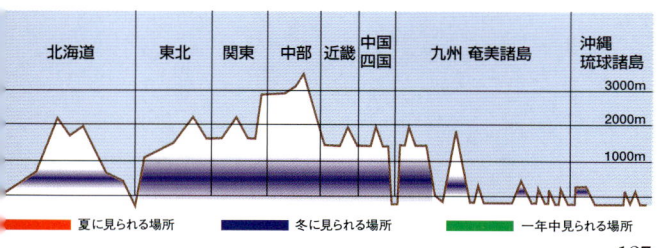

夏に見られる場所　　冬に見られる場所　　一年中見られる場所

トラツグミ

ツグミ科　トラツグミ属

- **マミジロ♀のような白色眉斑がない**
- うろこ状斑紋

トラツグミ　30cm
ドバト　　　33cm

山地の林の中などで見られ、冬は丘陵地の林周辺まで降りてくる。主に夜行性で、「ヒー、…、ヒー、…」ともの悲しく低い声で鳴くので、怪鳥ヌエと呼ばれることもある。早朝に落葉の下のミミズなどを探す姿を見かける。ツグミに似た雰囲気だが、全体にうろこ状斑紋があり大きい。

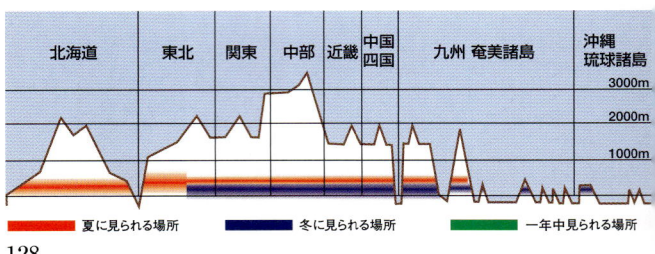

ウグイス

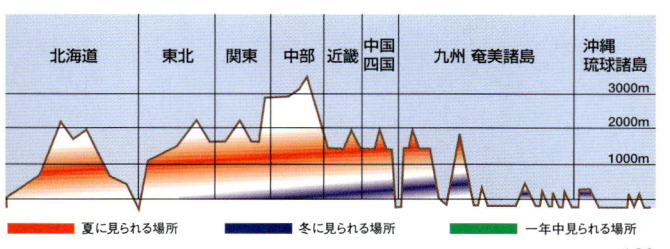

ウグイス科　ウグイス属

長い

**ウグイスに似た仲間の
さえずり**
●メボソムシクイ
「チョリ、チョリ、チョリ」
●センダイムシクイ
「チヨチヨ、チヨチヨ、ビー」
●エゾムシクイ
「ヒツーキー、ヒツーキー」

ウグイス

白味はない
ものが多い

短い

**ウグイス　15cm
スズメ　14.5cm**

ヤブサメ

山地の笹藪などで見られ、冬から春は平地や丘陵地の笹藪、灌木の多い場所で見られる。この仲間は似たものが多いが、ポイントは尾の長さ、胸、腹の白さなど。少し小形で似ているのが夏の山地で見られる**ヤブサメ**で、「シィッ、シィッ、シィッ、シィッ、シィッ、シィッ、…」と虫のような声で鳴く。

| 北海道 | 東北 | 関東 | 中部 | 近畿 | 中国四国 | 九州 | 奄美諸島 | 沖縄琉球諸島 |

夏に見られる場所　　冬に見られる場所　　一年中見られる場所

オオヨシキリ

ウグイス科　ヨシキリ属

口中は橙赤色

白色

オオヨシキリ

セッカ

セッカ　　　12cm
スズメ　　14.5cm

オオヨシキリ　18cm
ムクドリ　　　23.8cm

初夏の頃、湖、池、大きな河川の水際のヨシ原などに渡来する。よく通る声で「ギョギョシ、ギョギョシ、ケケシ、ケケシ、…」とさえずり続ける。同じ場所で「ヒ、ヒ、ヒ、ヒ、ヒ」と鳴くのは**セッカ**。**コヨシキリ**は高原などにいてオオヨシキリより小形。さえずる時に見える口の中は黄色っぽい。

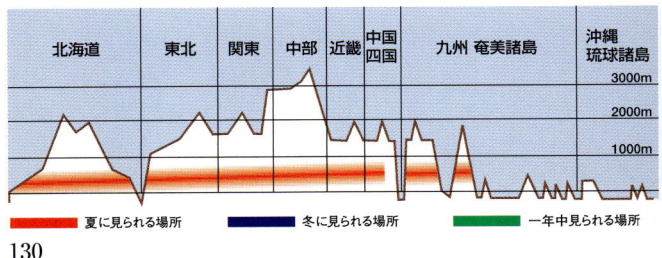

北海道　東北　関東　中部　近畿　中国四国　九州　奄美諸島　沖縄琉球諸島

3000m
2000m
1000m

夏に見られる場所　　冬に見られる場所　　一年中見られる場所

キクイタダキ　　　　ウグイス科　キクイタダキ属

黄色の帯中央に赤色線はほとんど見えず
♀にはない

白色斑

[♂]

キクイタダキ　10cm
スズメ　　　　14.5cm

亜高山針葉樹林に生息する鳥を代表するような種類だが、冬は丘陵地、時には海岸の松林まで降りてくる。とても小さく、「チィー、チィー、…」とかん高く鳴く。巣材のクモの糸などをはがすときにホバリング（停空飛翔）をすることもある。冬、カラ類の混群に混じる場合は、群れの外側の上部が多い。

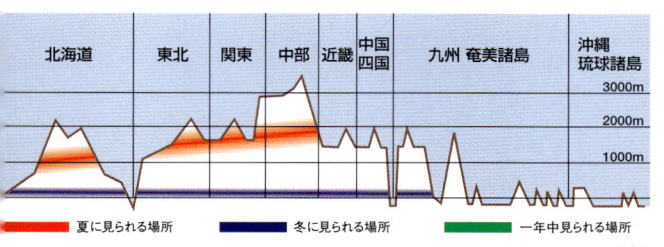

| 北海道 | 東北 | 関東 | 中部 | 近畿 | 中国四国 | 九州 | 奄美諸島 | 沖縄琉球諸島 |

■ 夏に見られる場所　　■ 冬に見られる場所　　■ 一年中見られる場所

キビタキ

ヒタキ科　キビタキ属

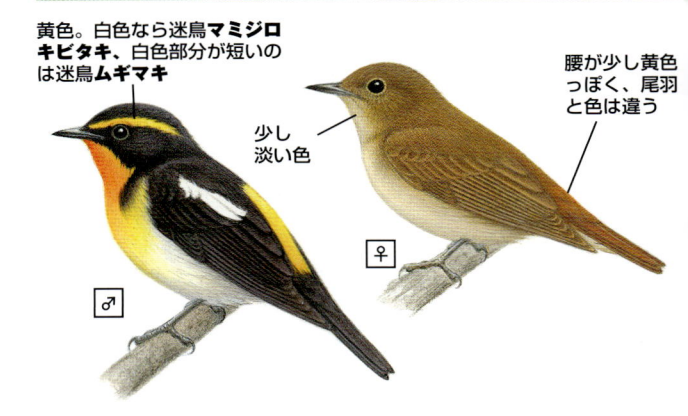

黄色。白色なら迷鳥**マミジロ キビタキ**、白色部分が短いのは迷鳥**ムギマキ**

少し淡い色

腰が少し黄色っぽく、尾羽と色は違う

♂

♀

キビタキ　14cm
スズメ　14.5cm

渡りの途中で丘陵地の雑木林にも飛来するが、山地で見られる。木の中程の枝にとまることが多く、地上に降りることも、樹冠でさえずることもほとんどない。♀は全体にオリーブ褐色でオオルリ♀などの似た種類との区別は難しい。黄色い鳥キセキレイなどは尾が長い。

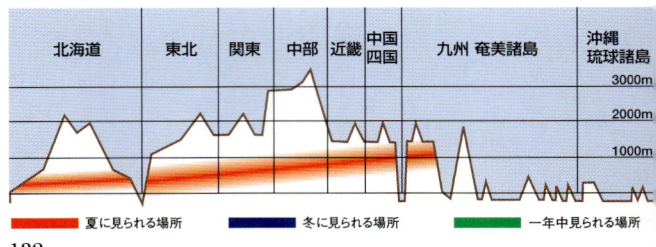

| 北海道 | 東北 | 関東 | 中部 | 近畿 | 中国四国 | 九州 | 奄美諸島 | 沖縄琉球諸島 |

■ 夏に見られる場所　■ 冬に見られる場所　■ 一年中見られる場所

オオルリ

ヒタキ科　オオルリ属

白っぽくない

黒色

腰と尾羽の色は同じ

♂　♀

オオルリ　16cm
スズメ　14.5cm

ブナなどが目立つ落葉広葉樹、針葉樹が混ざる山地で見られる。渡りの時期に平地の公園などに立ち寄ることもある。ひときわ目立つ高い樹冠で「チュ、チュ、ピィーピィー、ピィ、…、ジュジュ」と美しい声でさえずる。コルリのように地上に降りることはない。

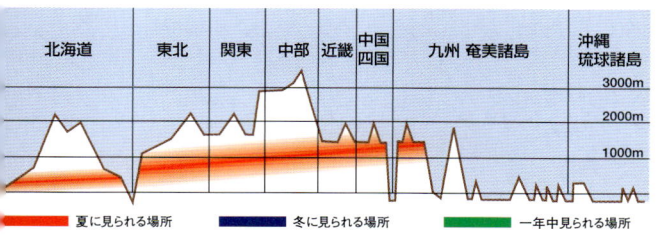

| 北海道 | 東北 | 関東 | 中部 | 近畿 | 中国四国 | 九州 | 奄美諸島 | 沖縄琉球諸島 |

夏に見られる場所　　冬に見られる場所　　一年中見られる場所

サメビタキ

ヒタキ科　サメビタキ属

- 白っぽい
- 白っぽい
- 少し黒っぽい
- 羽先が白い
- 黒斑

|サメビタキ|コサメビタキ|エゾビタキ|

サメビタキ　14cm
スズメ　14.5cm

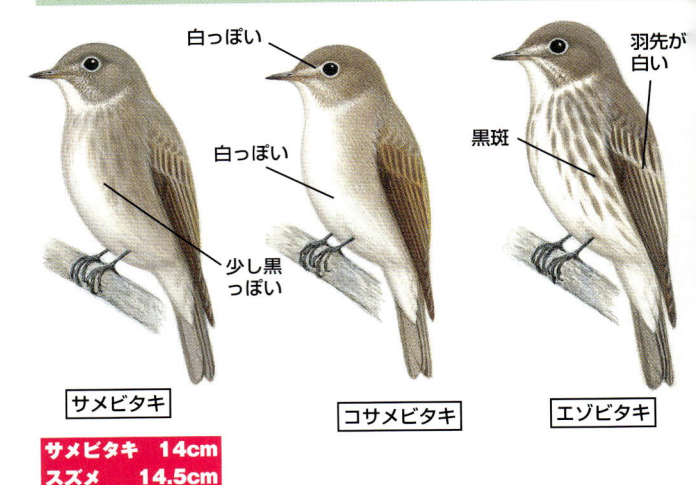

亜高山針葉樹の森で見られる。木の中程の枝にとまり、昆虫などを捕まえ、再び同じ場所にもどる。この仕草は、低山でも見られる**コサメビタキ**と同じ。秋の渡りのとき、同じ属の旅鳥**エゾビタキ**を含む3種は丘陵地でも観察できる。しかし、幼鳥が混ざるので、識別しにくいものも多い。

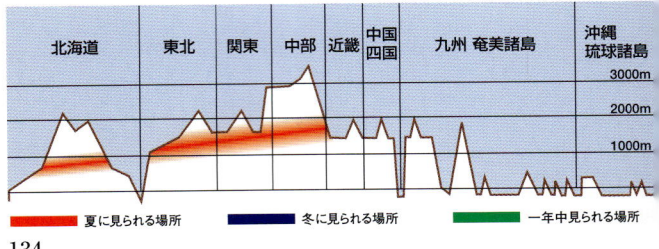

| 北海道 | 東北 | 関東 | 中部 | 近畿 | 中国四国 | 九州 | 奄美諸島 | 沖縄琉球諸島 |

- 夏に見られる場所
- 冬に見られる場所
- 一年中見られる場所

サンコウチョウ　カササギヒタキ科　サンコウチョウ属

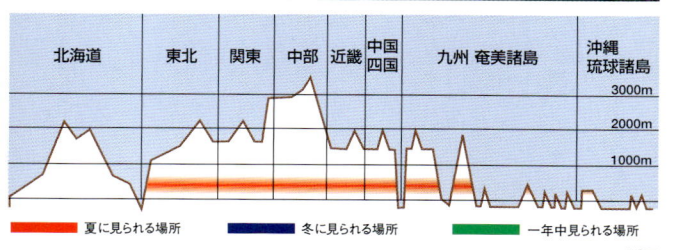

♀

♂

サンコウチョウ♀　17cm
ムクドリ　　　　23.8cm

山地で杉や広葉樹が混ざるような森で見られる。♂は尾が極端に長い。「フイッツ、フイッツ、フィ、フィ、…、ホイ、ホイ、ホイ」とも聞こえる特徴のある鳴き方をする。巣は人が近づくと放棄することもある。

| 北海道 | 東北 | 関東 | 中部 | 近畿 | 中国四国 | 九州 | 奄美諸島 | 沖縄琉球諸島 |

■ 夏に見られる場所　　■ 冬に見られる場所　　■ 一年中見られる場所

エナガ

エナガ科　エナガ属

シマエナガは頭部は白い

長い

エナガ	14cm
スズメ	14.5cm

平地から丘陵地、山地の林で見られる。冬はカラ類の混群に入ったり、かなりの集団となることも多い。枝から枝へと軽々と渡りながら「ジュリリ、ジュリリ、…、リリリィ、…」と鳴く。北海道では別亜種**シマエナガ**となるが、エナガにある黒っぽい過眼線がないので顔は白い。

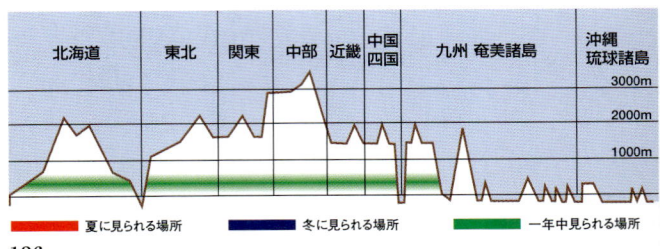

ゴジュウカラ

ゴジュウカラ科　ゴジュウカラ属

灰青色

ゴジュウカラ　13cm
スズメ　　　　14.5cm

亜高山針葉樹林の中にあるカンバなどの巨木周辺で見られる。「ヒイ、ヒイ、ヒイ、ヒイ、ヒイ、…、ツツツ、…」と、よく通る声でさえずり、「チィー、チィー、チィー、…」と鳴く。大きな木の幹を歩き回るように自由に移動して、頭を下にしての移動も可能。これはキツツキの仲間でもしない。

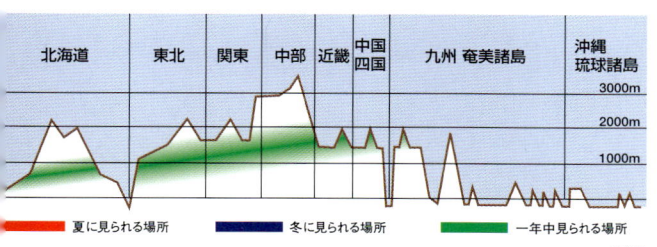

| 北海道 | 東北 | 関東 | 中部 | 近畿 | 中国四国 | 九州 | 奄美諸島 | 沖縄琉球諸島 |

夏に見られる場所　　冬に見られる場所　　一年中見られる場所

137

ヤマガラ

シジュウカラ科　シジュウカラ属

茶褐色

ヤマガラ　14cm
スズメ　14.5cm

平地から丘陵地、山地の常緑樹の多い林などで見られる。単独行動が多いが、冬はカラ類の混群に入ったり、集団となることもある。「ツーツゥピー、ツーツゥピー…」などとさえずり、シジュウカラより少しテンポが遅い。伊豆諸島の一部には顔が赤い亜種**オーストンヤマガラ**がいる。

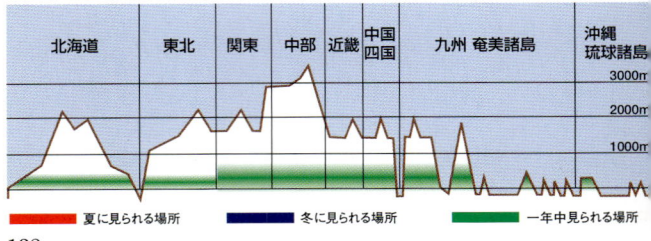

シジュウカラ

シジュウカラ科　シジュウカラ属

黒色帯

シジュウカラ	14cm
スズメ	14.5cm

平地から丘陵地の林、ヒガラやコガラがいるような山地でも見かける。小集団で行動する。冬期には草原に草の実などを求めて出てくることもある。冬期のカラ類の混群では一番数が多い。「ツーゥピー、ツーゥピー、ツーゥピー、ツーゥピー、ツーゥピー、…」とさえずる。

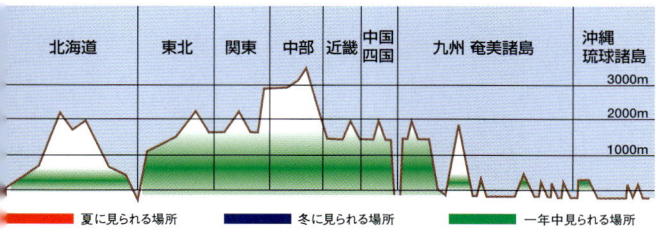

夏に見られる場所　　冬に見られる場所　　一年中見られる場所

ヒガラ

シジュウカラ科　シジュウカラ属

冠羽
白帯
ヒガラ
コガラ

ヒガラ　11cm
スズメ　14.5cm

山地の林、特に針葉樹林に多い傾向がある。冬期は丘陵地などかなり低い林でも見られる。小枝を渡りながら「ツッピー、ツッピー、ツッピー、ツッピー、ツッピー、…」とさえずる。同じような環境を好む**コガラ**は、亜高山針葉樹林まで見られ、冬期は山地の中腹まで下がる。

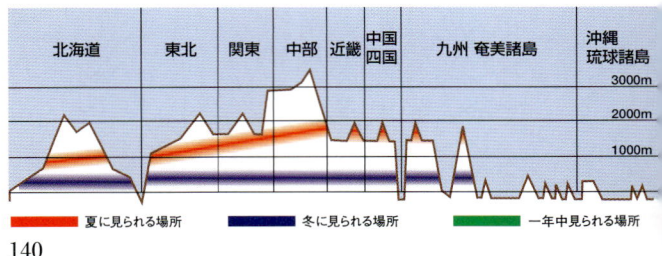

■ 夏に見られる場所　■ 冬に見られる場所　■ 一年中見られる場所

メジロ

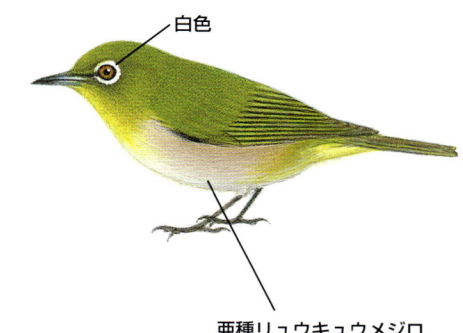

メジロ科 メジロ属

白色

亜種リュウキュウメジロは脇腹などが白っぽい

メジロ 12cm
スズメ 14.5cm

市街地から山地の林で見られるが、なかなか外側に出てこない。小さな群れをつくることが多く、冬はカラ類の混群に入ることもある。サクラ、ツバキ、ウメなどの求蜜に飛来することも多い。「チーチル、ティーチル、チル、チル、チル、…」などと比較的長くさえずる。

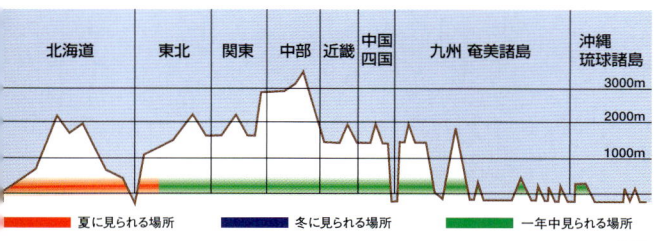

| 北海道 | 東北 | 関東 | 中部 | 近畿 | 中国四国 | 九州 | 奄美諸島 | 沖縄琉球諸島 |

■ 夏に見られる場所　　■ 冬に見られる場所　　■ 一年中見られる場所

ミヤマホオジロ

ホオジロ科　ホオジロ属

旅鳥**キマユホオジロ**には冠羽がない

黒色。
♀は黄褐色

♂

ミヤマホオジロ	16cm
スズメ	14.5cm

丘陵地から山地の林周辺の畑地などで見られるが、住宅開発が進むような場所は好まない。地上で小集団となり種子などを探す。「チィッ、チィッ、チィッ、チィッ、…」と鳴く。よく似た迷鳥**キマユホオジロ**は春に日本海側の島で見つかることが多いが、冠羽やのどの黄色がない。

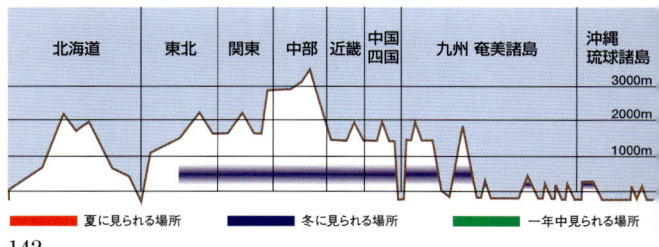

| 北海道 | 東北 | 関東 | 中部 | 近畿 | 中国四国 | 九州 | 奄美諸島 | 沖縄琉球諸島 |

夏に見られる場所　　冬に見られる場所　　一年中見られる場所

ホオジロ

ホオジロ科　ホオジロ属

冠羽を立てる

赤褐色　　白色

ホオジロ　　カシラダカ冬

ホオジロ　16cm
スズメ　14.5cm

丘陵地から山地の林周辺で見られる。「チョッピーチリーチョ、チョリーチョッチョ」などとよくさえずる。これを「一筆啓上仕り候」と聞きなすこともあるが、人によりそのように聞こえないこともある。冬になるとよく似た**カシラダカ**が現れ紛らわしい。

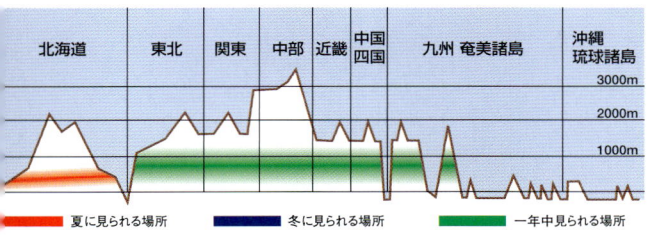

| 北海道 | 東北 | 関東 | 中部 | 近畿 | 中国四国 | 九州 | 奄美諸島 | 沖縄琉球諸島 |

夏に見られる場所　　冬に見られる場所　　一年中見られる場所

ホオアカ

ホオジロ科　ホオジロ属

赤褐色

2本の横帯。
ホオジロには
横帯はない

♂

ホオアカ　16cm
スズメ　14.5cm

夏、高原の湿原や草地などで見られ、冬は単独で河原などのヨシ原で見かけることもある。さえずりはホオジロに似た雰囲気で「チョッ、チチリンジ、チョッ、チチリンジ、…」とも聞こえる。同じ場所で棲み分け、「フィフィーチョ、チョリリー」とさえずるのはノビタキ。

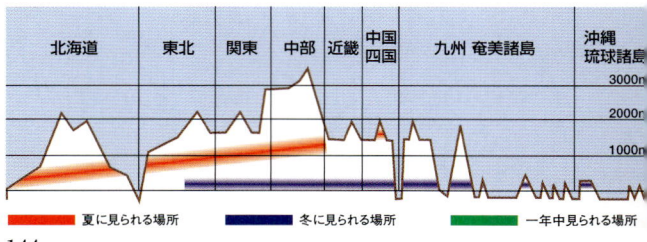

北海道　東北　関東　中部　近畿　中国四国　九州　奄美諸島　沖縄琉球諸島

3000m
2000m
1000m

■ 夏に見られる場所　　■ 冬に見られる場所　　■ 一年中見られる場所

アオジ

ホオジロ科　ホオジロ属

黒い。冬は黒みが薄らぐ。よく似たノジコは黒い部分がほとんどなく、白色のアイリングがあるが、アオジは白くない

アオジ　16cm
スズメ　14.5cm

丘陵地から山地で見られる。普段は目立たない林の中で小集団で移動しているが、繁殖期には明るい林などの上部で「チョ、ツツ、チチチィ、ツツ、チチチィー、…」などとさえずる。よく似た**ノジコ**は山地の林で混在するが数は少ない。さえずりはアオジに似ている。

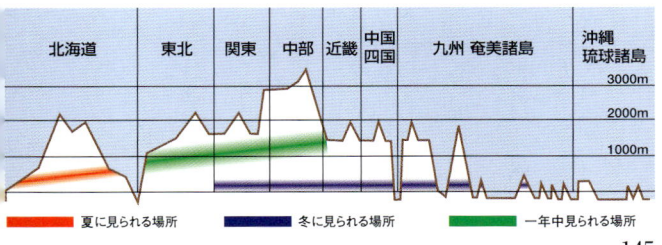

夏に見られる場所　　　冬に見られる場所　　　一年中見られる場所

オオジュリン

ホオジロ科　ホオジロ属

冬は頭部は黒くなく、♀に似る

白色

白色

♂夏　　♀

オオジュリン　16cm
スズメ　　　14.5cm

夏は寒冷地の湿原で繁殖。冬に小さな群れとなり、ほぼヨシ原のみで見られる。「チューリン、チュウリーン、…」と特徴のある声で鳴く。ホオジロ、カシラダカなどのように眉斑が白く目立つことはない。よく似た**コジュリン**は少し小形で、♂は頬付近の白帯はなく、腹もさほど白くはない。冬は少数が越冬する。

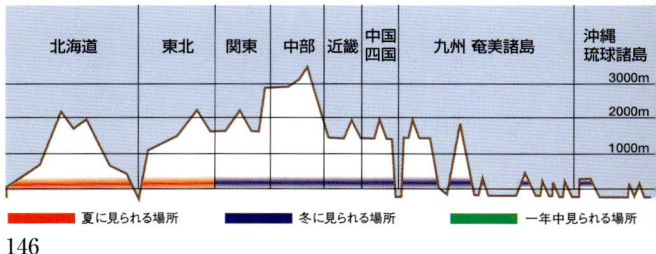

カワラヒワ

アトリ科　カワラヒワ属

カワラヒワ
凹む
黄色
黄色
マヒワ♂

カワラヒワ　14cm
スズメ　　14.5cm

市街地から丘陵地、山地でも周年見かける。秋から冬は河原などで集団をつくり、「キリリ、キリリ、…」とかん高く鳴く。草の実などを食べる。同じ仲間で少し小さく黄色いのは冬鳥**マヒワ**で山に多い。しかし、渡りの時期の春には丘陵地などでも見かける。

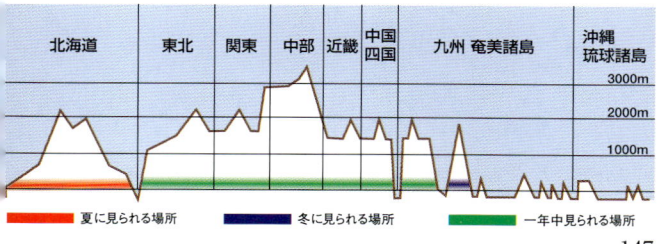

| 北海道 | 東北 | 関東 | 中部 | 近畿 | 中国四国 | 九州 | 奄美諸島 | 沖縄琉球諸島 |

夏に見られる場所　　冬に見られる場所　　一年中見られる場所

147

ベニヒワ

アトリ科　カワラヒワ属

- 暗紅色
- 白色が多い。**ベニマシコ**は紅褐色

ベニヒワ　13cm
スズメ　14.5cm

草原や湿地のハンノキ林などで見られる。群れで行動することが多く「ジュ、ジュ、ジュ、ジュ、…」などとせわしなく鳴く。似た雰囲気の**ベニマシコ**はくちばしは淡橙色にならず、少し大きくスズメぐらい。稀に群れの中に迷鳥**コベニヒワ**が混ざる。コベニヒワは腰が白く、この部分が区別点となる。

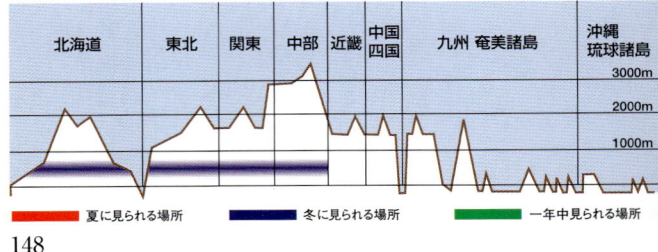

■ 夏に見られる場所　　■ 冬に見られる場所　　■ 一年中見られる場所

アトリ　　　　　　　　　　　アトリ科　アトリ属

橙色

♂夏　　　♂冬

凹む

アトリ　　16cm
スズメ　14.5cm

畑地から丘陵地の林などで見られる。秋には大集団となることも多く、木の実などを食べる。春には小集団が多く、この時期は♂の顔が黒い夏羽となるものが混じる。「ギィヨー、ギィヨー、…」と鳴く。飛翔時には腰の白さが目立つが、似た雰囲気のカワラヒワは腰は白くない。

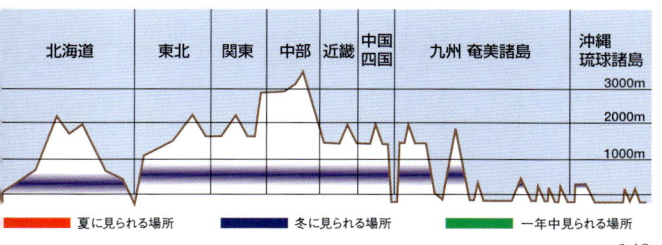

| 北海道 | 東北 | 関東 | 中部 | 近畿 | 中国四国 | 九州 | 奄美諸島 | 沖縄琉球諸島 |

■ 夏に見られる場所　　■ 冬に見られる場所　　■ 一年中見られる場所

イスカ

アトリ科 イスカ属

- 上下が食い違う
- ナキイスカなら翼に2本の白帯がある

♂ ♀

イスカ　17cm
スズメ　14.5cm

平地から丘陵地の松林などで見られる。「ギョッ、ギョッ、…チュピィ、チュピィ、チュピィ、…」などと鳴きながら集団で移動する。独特のくちばしの形は、松ぼっくりから種子を抜き出しやすいためと思われる。イスカに似た雰囲気の大形種**ギンザンマシコ**は北海道の高山頂稜付近で繁殖している。

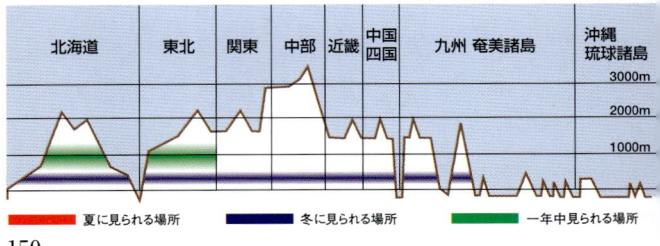

| 北海道 | 東北 | 関東 | 中部 | 近畿 | 中国四国 | 九州 | 奄美諸島 | 沖縄琉球諸島 |

- 夏に見られる場所
- 冬に見られる場所
- 一年中見られる場所

オオマシコ

アトリ科　オオマシコ属

2本の白帯ははっきりしない

尾の外側は**ベニマシコ**のようには白くない

♂
♀

オオマシコ　17cm
スズメ　　14.5cm

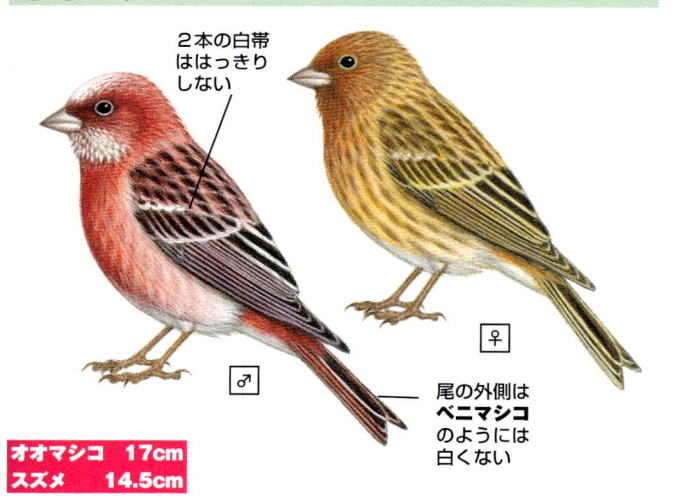

平地から山地の林で見られるが、稀な種類で本州中部では平地で見られることはほとんどない。あまり目立つ場所には出てこない。餌を求めて小さな群れで移動することが多く、同じ場所に留まることは少ない。「チー、チィ、チィ、…」と短く鳴く。同じ赤い鳥**ベニマシコ**より大きく、尾は短い。

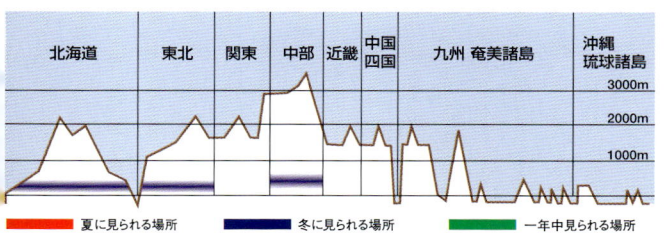

| 北海道 | 東北 | 関東 | 中部 | 近畿 | 中国四国 | 九州 | 奄美諸島 | 沖縄琉球諸島 |

夏に見られる場所　　冬に見られる場所　　一年中見られる場所

ウソ

アトリ科　ウソ属

赤色

♂

♀

ウソ　　　16cm
スズメ　14.5cm

夏は亜高山針葉樹林帯からハイマツ帯までの低い岩尾根などで見られ、冬は丘陵地の林に降りて集団となることが多い。地鳴きは「ヒー、フッ、ヒー、…」とも聞こえ、口笛のような感じ。飛翔時は腰の白帯が目立つ。別亜種**アカウソ♂**は胸まで紅色で冬鳥として少数が飛来。

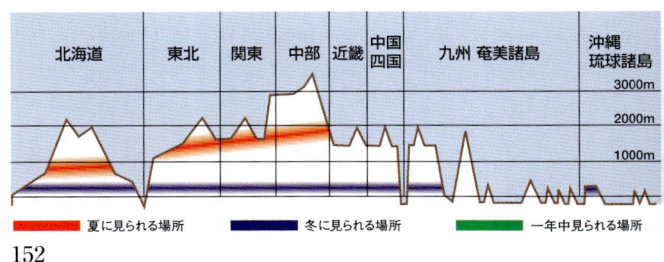

| 北海道 | 東北 | 関東 | 中部 | 近畿 | 中国四国 | 九州 | 奄美諸島 | 沖縄琉球諸島 |

■ 夏に見られる場所　　■ 冬に見られる場所　　■ 一年中見られる場所

イカル

アトリ科　イカル属

コイカル
♂はこの付近まで黒っぽい

幼鳥

イカル　23cm
ムクドリ　23.8cm

丘陵地から山地の林で見られ、冬には木の多い平地の公園に集団で飛来することもある。木の高い場所で、「コキィコー、キィーコ、キィ」などと独特な声でさえずり、遠くからでもよく聞こえる。よく似た**コイカル**は冬鳥か旅鳥で少し小形。イカルの群れに混じることもある。

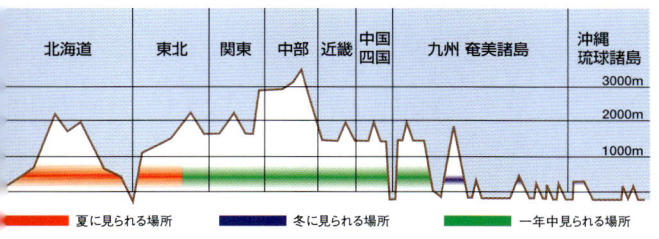

北海道	東北	関東	中部	近畿	中国四国	九州	奄美諸島	沖縄琉球諸島

3000m
2000m
1000m

■ 夏に見られる場所　　■ 冬に見られる場所　　■ 一年中見られる場所

シメ

アトリ科　シメ属

太くて短い

白色

| シメ | 19cm |
| スズメ | 14.5cm |

川辺林、木の多い公園、丘陵地・山地の林など、落葉樹が多い場所で見られる。繁殖期以外は単独で行動し、縄張りを形成するが、春、秋の渡りの時期になると小さな群れになり、移動することが多い。この時、群れの飛翔は深い波状となる。くちばしは秋は淡灰褐色で、春頃から鉛色となる。

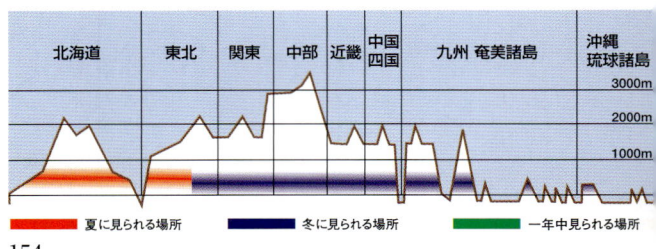

| 北海道 | 東北 | 関東 | 中部 | 近畿 | 中国四国 | 九州 | 奄美諸島 | 沖縄琉球諸島 |

■ 夏に見られる場所　　■ 冬に見られる場所　　■ 一年中見られる場所

ニュウナイスズメ　　　　ハタオリドリ科　スズメ属

♀は眉斑が目立つ

黒斑がない

黒斑

スズメ

ニュウナイスズメ♂夏

ニュウナイスズメ　14cm
スズメ　　　　　　14.5cm

落葉樹の森や畑周辺でも見られる。移動の時期には集団となり、開けた場所にも出てくる。スズメに似ている。地鳴きは「チューユ、チューユ、チューユ、…」などで、スズメより高めで音を引く。巣はスズメのように人家の屋根などより、樹洞などを利用することが多い。

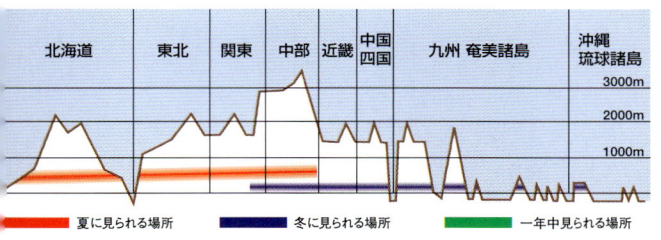

| 北海道 | 東北 | 関東 | 中部 | 近畿 | 中国四国 | 九州 | 奄美諸島 | 沖縄琉球諸島 |

夏に見られる場所　　冬に見られる場所　　一年中見られる場所

ムクドリ

ムクドリ科　ムクドリ属

橙色

白斑

黒色

ムクドリ

コムクドリ♂

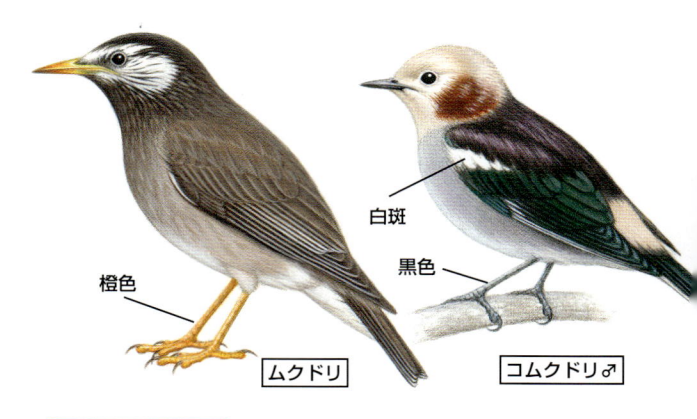

ムクドリ　　24cm
コムクドリ　19cm

平地に多いが、山地でも見られる。夏から秋にかけては大集団となり、鉄塔などに並んでとまる。芝生や草地で昆虫などを探し目立つ場所にも平気で出てくる。よく似た夏鳥**コムクドリ**は主に山地にいて、渡りの時期にムクドリの群れに混じることも珍しくはない。

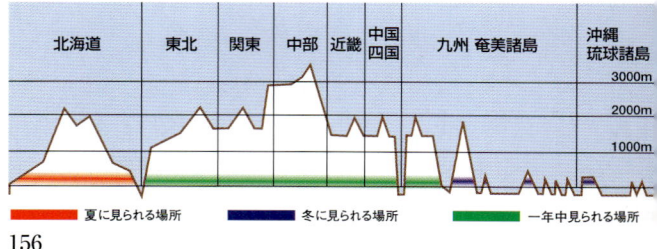

| 北海道 | 東北 | 関東 | 中部 | 近畿 | 中国四国 | 九州 | 奄美諸島 | 沖縄琉球諸島 |

夏に見られる場所　　　冬に見られる場所　　　一年中見られる場所

カケス　　　　　　　　　カラス科　カケス属

青、白、黒の斑

カケス　33cm
ドバト　33cm

山地の林で見られることが多い。「ギャー、ギャー、ギャー、…」と気味の悪い声で鳴きながら飛ぶ。飛翔時は次列風切基部と腰の白色が目立つ。北海道には別亜種**ミヤマカケス**がいて、頭部は茶色、全体にカケスより暗い感じがする。近い種類で美麗種**ルリカケス**は奄美大島に見られ、カケスよりかなり大きい。

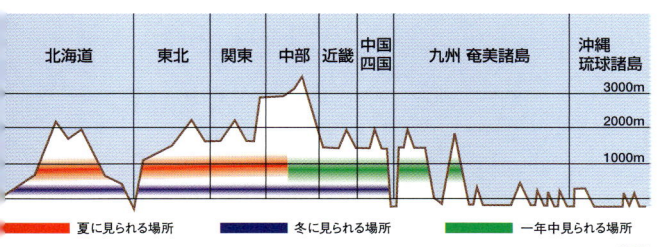

| 北海道 | 東北 | 関東 | 中部 | 近畿 | 中国四国 | 九州 | 奄美諸島 | 沖縄琉球諸島 |

夏に見られる場所　　冬に見られる場所　　一年中見られる場所

ホシガラス

カラス科　ホシガラス属

白斑

ホシガラス	**35cm**
ドバト	**33cm**

高山などのハイマツの多い稜線で見られ、冬は亜高山針葉樹の森を中心に降りてくる。ハイマツの松ぼっくりを引きちぎり、地上でつついて種子を食べる。少し似た雰囲気の冬鳥**ホシムクドリ**は九州以南の平地などに稀に見られ、ホシガラスよりかなり小さい。

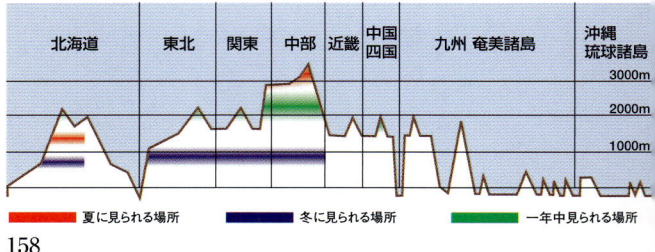

■ 夏に見られる場所　■ 冬に見られる場所　■ 一年中見られる場所

オナガ

カラス科　オナガ属

黒色

白色

カササギ

オナガ

オナガ　　36cm
カラス　56.5cm

市街地や丘陵の林などで群れをつくる。昆虫から柿の実など、餌とするものは多い。「ギャー、クィ、クィ、クィ、…」などと鳴く。尾がとても長いので遠くからでも識別できる。同じ科の**カササギ**も尾は長いがオナガより大きく、分布域は主に佐賀平野など、九州の北部に限られる。

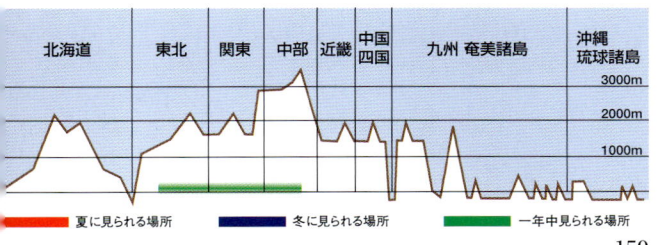

| 北海道 | 東北 | 関東 | 中部 | 近畿 | 中国四国 | 九州 | 奄美諸島 | 沖縄琉球諸島 |

夏に見られる場所　　冬に見られる場所　　一年中見られる場所

ハシボソガラス

カラス科　ハシブトガラス属

太い

ハシボソガラス

ハシブトガラス

白っぽい

ミヤマガラス

全国に留鳥として見られる黒いカラスは本種と**ハシブトガラス**。ハシボソガラスは里周辺、ハシブトガラスは都会中心の傾向がある。両種ともかなりの高山でも見かける。鳴き声に濁りのあるのが本種で、ハシブトガラスと区別出来ることが多いが、すべてには当てはまらない。

冬鳥**ミヤマガラス**は100羽以上の集団となり、主に本州西部・日本海側や九州で見られる。ハシボソガラスより少し小さく、くちばしが細く尖り、基部が白っぽい。冬鳥**コクマルガラス**（暗色型）はハトぐらいの大きさで、ミヤマガラスの群れに混じることもある。迷鳥**ニシコクマルガラス**はコクマルガラスに似るが、虹彩が白色。全長61cmに達する大形種**ワタリガラス**は冬期に北海道の海岸の岩場などで目撃される。

日本の野鳥リスト

日本の野鳥544種を『日本鳥類目録改訂第6版』を基本に分類順に掲載しました。数字が表記されているのは本書で紹介したページで、●は掲載されていません。

アビ目

アビ科
アビ	13
オオハム	13
シロエリオオハム	13
ハシジロアビ	13

カイツブリ目

カイツブリ科
カイツブリ	14
ハジロカイツブリ	15
ミミカイツブリ	15
アカエリカイツブリ	15
カンムリカイツブリ	15

ミズナギドリ目

アホウドリ科
アホウドリ	●
コアホウドリ	●
クロアシアホウドリ	●

ミズナギドリ科
フルマカモメ	●
ハジロミズナギドリ	●
カワリシロハラミズナギドリ	●
マダラシロハラミズナギドリ	●
オオシロハラミズナギドリ	●
ハワイシロハラミズナギドリ	●
シロハラミズナギドリ	●
ハグロシロハラミズナギドリ	●
ヒメシロハラミズナギドリ	●
アナドリ	●
オオミズナギドリ	●
オナガミズナギドリ	●
ミナミオナガミズナギドリ	●
アカアシミズナギドリ	●
ハイイロミズナギドリ	●
ハシボソミズナギドリ	●
コミズナギドリ	●
セグロミズナギドリ	●

ウミツバメ科
アシナガウミツバメ	●
ハイイロウミツバメ	●
コシジロウミツバメ	●
ヒメクロウミツバメ	●
クロコシジロウミツバメ	●
オーストンウミツバメ	●
クロウミツバメ	●

ペリカン目

ネッタイチョウ科
アカオネッタイチョウ	●
シラオネッタイチョウ	●

161

ペリカン科
モモイロペリカン	●
ハイイロペリカン	●

カツオドリ科
カツオドリ	●
アオツラカツオドリ	●
アカアシカツオドリ	●

ウ科
カワウ	12
ウミウ	12
ヒメウ	12
チシマウガラス	●

グンカンドリ科
オオグンカンドリ	●
コグンカンドリ	●

コウノトリ目

サギ科
サンカノゴイ	●
ヨシゴイ	16
オオヨシゴイ	16
リュウキュウヨシゴイ	●
タカサゴクロサギ	●
ミゾゴイ	●
ズグロミゾゴイ	●
ゴイサギ	18
ハシブトゴイ	●
ササゴイ	17
アカガシラサギ	●
アマサギ	23
ダイサギ	21
チュウサギ	19
コサギ	20
カラシラサギ	20
クロサギ	22
アオサギ	24
ムラサキサギ	24

コウノトリ科
コウノトリ	25
ナベコウ	●

トキ科
ヘラサギ	●
クロツラヘラサギ	●
トキ	●
クロトキ	●

カモ目

カモ科
シジュウカラガン	●
コクガン	26
ハイイロガン	●
マガン	26
カリガネ	●
ヒシクイ	26
ハクガン	●
ミカドガン	●
サカツラガン	●
コブハクチョウ	27
ナキハクチョウ	●
オオハクチョウ	28
コハクチョウ	28
リュウキュウガモ	●
アカツクシガモ	●
ツクシガモ	●
カンムリツクシガモ	●
オシドリ	30
マガモ	32
カルガモ	31
コガモ	32

トモエガモ	32
ヨシガモ	32
オカヨシガモ	32
ヒドリガモ	32
アメリカヒドリ	32
オナガガモ	32
シマアジ	33
ハシビロガモ	32
アカハシハジロ	●
ホシハジロ	34
アメリカホシハジロ	●
オオホシハジロ	34
クビワキンクロ	●
メジロガモ	●
アカハジロ	●
キンクロハジロ	34
スズガモ	34
コスズガモ	●
コケワタガモ	●
ケワタガモ	●
クロガモ	34
ビロードキンクロ	●
アラナミキンクロ	●
シノリガモ	●
コオリガモ	●
ホオジロガモ	34
ヒメハジロ	●
ミコアイサ	35
ウミアイサ	35
コウライアイサ	35
カワアイサ	35

タカ目

タカ科
ミサゴ	47
ハチクマ	43
トビ	36

オジロワシ	42
オオワシ	42
オオタカ	38
アカハラダカ	40
ツミ	40
ハイタカ	39
ケアシノスリ	37
オオノスリ	●
ノスリ	37
サシバ	43
クマタカ	44
カラフトワシ	●
カタシロワシ	●
イヌワシ	45
クロハゲワシ	●
カンムリワシ	●
ハイイロチュウヒ	46
マダラチュウヒ	46
チュウヒ	46

ハヤブサ科
シロハヤブサ	●
ハヤブサ	48
チゴハヤブサ	48
コチョウゲンボウ	49
アカアシチョウゲンボウ	●
ヒメチョウゲンボウ	●
チョウゲンボウ	49

キジ目

ライチョウ科
ライチョウ	50
エゾライチョウ	50

キジ科
ウズラ	54
ヤマドリ	52

キジ	53
コジュケイ	54

ツル目

ミフウズラ科
ミフウズラ	●

ツル科
クロヅル	●
タンチョウ	56
ナベヅル	58
カナダヅル	58
マナヅル	58
ソデグロヅル	56
アネハヅル	●

クイナ科
クイナ	59
ヤンバルクイナ	60
オオクイナ	60
コウライクイナ	●
ヒメクイナ	59
ヒクイナ	59
シマクイナ	●
マミジロクイナ	●
シロハラクイナ	●
バン	61
ツルクイナ	●
オオバン	61

ノガン科
ノガン	●
ヒメノガン	●

チドリ目

レンカク科
レンカク	●

タマシギ科
タマシギ	82

ミヤコドリ科
ミヤコドリ	83

チドリ科
ハジロコチドリ	●
コチドリ	84
イカルチドリ	85
シロチドリ	87
メダイチドリ	86
オオメダイチドリ	86
オオチドリ	●
コバシチドリ	●
ムナグロ	88
ダイゼン	88
ケリ	89
タゲリ	89

シギ科
キョウジョシギ	91
ヒメハマシギ	●
ヨーロッパトウネン	●
トウネン	90
ヒバリシギ	●
オジロトウネン	●
ヒメウズラシギ	●
アメリカウズラシギ	●
ウズラシギ	●
チシマシギ	●
ハマシギ	90
サルハマシギ	●

コオバシギ	●
オバシギ	91
ミユビシギ	90
アシナガシギ	●
ヘラシギ	●
エリマキシギ	●
コモンシギ	●
キリアイ	●
アメリカオオハシシギ	●
オオハシシギ	●
シベリアオオハシシギ	●
ツルシギ	92
アカアシシギ	92
コアオアシシギ	●
アオアシシギ	93
オオキアシシギ	●
コキアシシギ	●
カラフトアオアシシギ	●
クサシギ	90
タカブシギ	90
メリケンキアシシギ	●
キアシシギ	91
イソシギ	90
ソリハシシギ	91
オグロシギ	92
オオソリハシシギ	92
ダイシャクシギ	93
ホウロクシギ	93
シロハラチュウシャクシギ	●
チュウシャクシギ	93
ハリモモチュウシャク	●
コシャクシギ	●
ヤマシギ	●
アマミヤマシギ	●
タシギ	91
ハリオシギ	91
チュウジシギ	91
オオジシギ	91

アオシギ	●
コシギ	●

セイタカシギ科
セイタカシギ	●
ソリハシセイタカシギ	●

ヒレアシシギ科
ハイイロヒレアシシギ	●
アカエリヒレアシシギ	●
アメリカヒレアシシギ	●

ツバメチドリ科
ツバメチドリ	

トウゾクカモメ科
オオトウゾクカモメ	●
トウゾクカモメ	●
クロトウゾクカモメ	●
シロハラトウゾクカモメ	●

カモメ科
オオズグロカモメ	●
ユリカモメ	94
ハシボソカモメ	
セグロカモメ	95
オオセグロカモメ	95
ワシカモメ	94
シロカモメ	94
カモメ	95
ウミネコ	94
ズグロカモメ	94
ゴビズキンカモメ	
クビワカモメ	
ミツユビカモメ	94
アカアシミツユビカモメ	●
ヒメクビワカモメ	●
ゾウゲカモメ	●

ハジロクロハラアジサシ	●
クロハラアジサシ	●
ハシグロクロハラアジサシ	●
オニアジサシ	●
オオアジサシ	●
ハシブトアジサシ	●
アジサシ	96
ベニアジサシ	●
エリグロアジサシ	●
コシジロアジサシ	●
ナンヨウマミジロアジサシ	●
マミジロアジサシ	●
セグロアジサシ	●
コアジサシ	96
ハイイロアジサシ	●
クロアジサシ	●
ヒメクロアジサシ	●
シロアジサシ	●

ウミスズメ科

ウミガラス	●
ハシブトウミガラス	●
ウミバト	●
ケイマフリ	●
マダラウミスズメ	●
ウミスズメ	●
カンムリウミスズメ	●
エトロフウミスズメ	●
シラヒゲウミスズメ	●
コウミスズメ	●
ウミオウム	●
ウトウ	●
ツノメドリ	●
エトピリカ	●

ハト目

サケイ科

サケイ	●

ハト科

カラスバト	72
リュウキュウカラスバト	72
オガサワラカラスバト	72
シラコバト	73
ベニバト	●
キジバト	73
キンバト	74
アオバト	74
ズアカアオバト	74
カワラバト(ドバト)	73

カッコウ目

カッコウ科

ジュウイチ	●
セグロカッコウ	●
カッコウ	75
ツツドリ	75
ホトトギス	75
カンムリカッコウ	●

フクロウ目

フクロウ科

シロフクロウ	●
ワシミミズク	66
シマフクロウ	66
トラフズク	68
コミミズク	68
コノハズク	65
リュウキュウコノハズク	●
オオコノハズク	65

キンメフクロウ	●
アオバズク	69
フクロウ	67

ヨタカ目

ヨタカ科
ヨタカ	70

アマツバメ目

アマツバメ科
ハリオアマツバメ	77
ヒメアマツバメ	76
アマツバメ	77

ブッポウソウ目

カワセミ科
ヤマセミ	78
ヤマショウビン	80
アカショウビン	80
ミヤコショウビン	●
ナンヨウショウビン	●
カワセミ	79

ハチクイ科
ハチクイ	●

ブッポウソウ科
ブッポウソウ	81

ヤツガシラ科
ヤツガシラ	●

キツツキ目

キツツキ科
アリスイ	●
アオゲラ	62
ヤマゲラ	62
ノグチゲラ	63
クマゲラ	63
キタタキ	●
アカゲラ	63
オオアカゲラ	63
コアカゲラ	64
コゲラ	64
ミユビゲラ	●

スズメ目

ヤイロチョウ科
ズグヤイロチョウ	●
ヤイロチョウ	●

ヒバリ科
クビワコウテンシ	●
ヒメコウテンシ	●
コヒバリ	●
ヒバリ	99
ハマヒバリ	●

ツバメ科
ショウドウツバメ	100
ツバメ	100
リュウキュウツバメ	100
コシアカツバメ	100
イワツバメ	100

セキレイ科
イワミセキレイ	●
ツメナガセキレイ	101

キガシラセキレイ	●
キセキレイ	101
ハクセキレイ	102
セグロセキレイ	103
マミジロタヒバリ	●
コマミジロタヒバリ	●
ヨーロッパビンズイ	●
ビンズイ	104
セジロタヒバリ	●
ムネアカタヒバリ	105
タヒバリ	105

サンショウクイ科
アサクラサンショウクイ	●
サンショウクイ	106

ヒヨドリ科
シロガシラ	106
ヒヨドリ	107

モズ科
チゴモズ	109
モズ	108
アカモズ	109
タカサゴモズ	●
オオモズ	●
オオカラモズ	●

レンジャク科
キレンジャク	110
ヒレンジャク	110

カワガラス科
カワガラス	112

ミソサザイ科
ミソサザイ	114

イワヒバリ科
イワヒバリ	115
ヤマヒバリ	●
カヤクグリ	115

ツグミ科
コマドリ	116
アカヒゲ	116
シマゴマ	119
ノゴマ	118
オガワコマドリ	●
コルリ	119
ルリビタキ	120
クロジョウビタキ	●
ジョウビタキ	121
ノビタキ	122
ヤマザキヒタキ	●
イナバヒタキ	●
ハシグロヒタキ	●
セグロサバクヒタキ	●
サバクヒタキ	●
イソヒヨドリ	123
ヒメイソヒヨ	●
トラツグミ	128
オガサワラガビチョウ	●
マミジロ	124
カラアカハラ	●
クロツグミ	124
クロウタドリ	●
アカハラ	125
アカコッコ	●
シロハラ	126
マミチャジナイ	●
ノドグロツグミ	●
ツグミ	127
ノハラツグミ	●
ワキアカツグミ	●

チメドリ科
ヒゲガラ	●

ウグイス科
ヤブサメ	129
ウグイス	129
オオセッカ	●
エゾセンニュウ	●
シベリアセンニュウ	●
シマセンニュウ	●
ウチヤマセンニュウ	●
マキノセンニュウ	●
コヨシキリ	130
オオヨシキリ	130
ハシブトオオヨシキリ	●
キタヤナギムシクイ	●
チフチャフ	●
モリムシクイ	●
ムジセッカ	●
カラフトムジセッカ	●
キマユムシクイ	●
カラフトムシクイ	●
メボソムシクイ	129
エゾムシクイ	129
センダイムシクイ	129
イイジマムシクイ	●
キクイタダキ	131
セッカ	130

ヒタキ科
マダラヒタキ	●
マミジロキビタキ	132
キビタキ	132
ムギマキ	132
オジロビタキ	●
オオルリ	133
サメビタキ	134
エゾビタキ	134
コサメビタキ	134

カササギヒタキ科
サンコウチョウ	135

エナガ科
エナガ	136

ツリスガラ科
ツリスガラ	●

シジュウカラ科
ハシブトガラ	●
コガラ	140
ヒガラ	140
ヤマガラ	138
ルリガラ	●
シジュウカラ	139

ゴジュウカラ科
ゴジュウカラ	137

キバシリ科
キバシリ	●

メジロ科
メジロ	141

ミツスイ科
メグロ	●

ホオジロ科
キアオジ	●
シラガホオジロ	●
ホオジロ	143
コジュリン	146
シロハラホオジロ	●
ホオアカ	144

コホオアカ	●
キマユホオジロ	142
カシラダカ	143
ミヤマホオジロ	142
シマアオジ	●
シマノジコ	●
ズグロチャキンチョウ	●
ノジコ	145
アオジ	145
クロジ	●
シベリアジュリン	●
オオジュリン	146
ツメナガホオジロ	●
ユキホオジロ	●
ゴマフスズメ	●
ミヤマシトド	●
キガシラシトド	●

アトリ科
ズアオアトリ	●
アトリ	149
カワラヒワ	147
マヒワ	147
ベニヒワ	148
コベニヒワ	148
ハギマシコ	●
アカマシコ	●
オオマシコ	151
ギンザンマシコ	150
イスカ	150
ナキイスカ	●
ベニマシコ	148
オガサワラマシコ	●
ウソ	152
コイカル	153
イカル	153
シメ	154

ハタオリドリ科
イエスズメ	●
ニュウナイスズメ	155
スズメ	155

ムクドリ科
ギンムクドリ	●
シベリアムクドリ	●
コムクドリ	156
カラムクドリ	●
ホシムクドリ	158
ムクドリ	156

コウライウグイス科
コウライウグイス	●

モリツバメ科
モリツバメ	●

カラス科
カケス	157
ルリカケス	157
オナガ	159
カササギ	159
ホシガラス	158
コクマルガラス	160
ミヤマガラス	160
ハシボソガラス	160
ハシブトガラス	160
ワタリガラス	160

索　引

◎はページにタイトルあり。
○はタイトルで紹介した種と同等の扱い。
△は識別などの紹介程度。
・は本文に名前を紹介程度。

ア

アオアシシギ	93	◎
アオゲラ	62	◎
アオサギ	24	◎
アオジ	145	◎
アオバズク	69	◎
アオバト	74	◎
アカアシシギ	92	◎
アカウソ（別亜種）	152	△
アカエリカイツブリ	15	△
アカゲラ	63	◎
アカショウビン	80	◎
アカハラ	125	◎
アカハラダカ	40	△
アカヒゲ	116	△
アカモズ	109	○
アジサシ	96	◎
アトリ	149	◎
アビ	13	◎
アマサギ	23	◎
アマツバメ	77	◎
アメリカコガモ	32	△
アメリカヒドリ	32	△
アメリカコハクチョウ	29	◎
イカル	153	◎
イカルチドリ	85	◎
イスカ	150	◎
イソシギ	90	◎
イソヒヨドリ	123	◎
イヌワシ	45	◎
イワツバメ	100	○
イワヒバリ	115	◎
ウグイス	129	◎
ウズラ	54	△
ウソ	152	◎
ウミアイサ	35	◎
ウミウ	12	○
ウミネコ	94	◎
エゾビタキ	134	○
エゾムシクイ	129	△
エゾライチョウ	50	・
エナガ	136	◎
オオアカゲラ	63	○
オオクイナ	60	△
オオジシギ	91	◎
オオジュリン	146	◎
オーストンヤマガラ（別亜種）	138	・
オオセグロカモメ	95	◎
オオソリハシシギ	92	◎
オオタカ	38	◎
オオハクチョウ	28	◎
オオハム	13	○
オオバン	61	○
オオマシコ	151	○
オオメダイチドリ	86	△
オオヨシキリ	130	◎
オオヨシゴイ	16	△
オオルリ	133	◎
オオワシ	42	○
オガサワラカラスバト	72	・
オカヨシガモ♀	33	◎

171

名前	ページ	印
オカヨシガモ♂	32	◎
オグロシギ	92	◎
オシドリ	30	◎
オジロワシ	42	◎
オナガ	159	◎
オナガガモ♀	33	◎
オナガガモ♂	32	◎
オバシギ	91	◎

カ

名前	ページ	印
カイツブリ	14	◎
カオグロガビチョウ	98	△
カケス	157	◎
カササギ	159	○
カシラダカ	143	◎
カッコウ	75	◎
カナダヅル	58	△
ガビチョウ	98	◎
カモメ	95	◎
カヤクグリ	115	○
カラシラサギ	20	○
カラスバト	72	◎
カルガモ	31	◎
カワアイサ	35	◎
カワウ	12	◎
カワガラス	112	◎
カワセミ	79	◎
カワラヒワ	147	◎
カンムリカイツブリ	15	◎
キアシシギ	91	◎
キクイタダキ	131	◎
キジ	53	◎
キジバト	73	◎
キセキレイ	101	◎
キビタキ	132	◎
キマユホオジロ	142	・
キョウジョシギ	91	◎
キレンジャク	110	◎
キンクロハジロ	34	◎
ギンザンマシコ	150	△
キンバト	74	△

名前	ページ	印
クイナ	59	◎
クサシギ	90	◎
クマゲラ	63	・
クマタカ	44	◎
クロガモ	34	△
クロサギ	22	◎
クロツグミ	124	◎
ケアシノスリ	37	△
ケリ	89	◎
コアカゲラ	64	△
コアジサシ	96	◎
コイカル	153	△
ゴイサギ	18	◎
コウライアイサ	35	△
コウライキジ	53	△
コウノトリ	25	◎
コガモ♀	33	◎
コガモ♂	32	◎
コガラ	140	◎
コクガン	26	◎
コクマルガラス	160	・
コゲラ	64	◎
コサギ	20	◎
コサメビタキ	134	◎
コシアカツバメ	100	◎
ゴジュウカラ	137	◎
コジュケイ	54	◎
コジュリン	146	△
コチドリ	84	◎
コチョウゲンボウ	49	△
コノハズク	65	◎
コハクチョウ	28	◎
コブハクチョウ	27	◎
コベニヒワ	148	△
コマドリ	116	◎
コミミズク	68	◎
コムクドリ	156	◎
コヨシキリ	130	△
コルリ	119	◎

サ

名前	ページ	印
ササゴイ	17	◎

サシバ	43	◎	チュウサギ	19	◎
サメビタキ	134	◎	チュウジシギ	91	△
サンコウチョウ	135	◎	チュウシャクシギ	93	◎
サンショウクイ	106	◎	チュウヒ	46	◎
シジュウカラ	139	◎	チョウゲンボウ	49	◎
シマアジ	33	◎	ツグミ	127	◎
シマエナガ（別亜種）	136	◎	ツツドリ	75	◎
シマゴマ	119	△	ツバメ	100	◎
シマフクロウ	66	◎	ツミ	40	◎
シメ	154	◎	ツメナガセキレイ	101	△
ショウドウツバメ	100	△	ツルシギ	92	◎
ジョウビタキ	121	◎	トウネン	90	◎
シラコバト	73	△	ドバト	73	◎
シロエリオオハム	13	・	トビ	36	◎
シロガシラ	106	◎	トモエガモ♀	33	◎
シロカモメ	95	△	トモエガモ♂	32	◎
シロチドリ	87	◎	トラツグミ	128	◎
シロハラ	126	◎	トラフズク	68	◎
ズアカアオバト	74	△	■■ナ■■		
ズグロカモメ	94	△	ナベヅル	58	◎
スズガモ	34	◎	ニシコクマルガラス	160	・
スズメ	155	◎	ニュウナイスズメ	155	◎
セグロカモメ	95	◎	ノグチゲラ	63	・
セグロセキレイ	103	◎	ノゴマ	118	◎
セッカ	130	◎	ノジコ	145	△
センダイムシクイ	129	△	ノスリ	37	◎
ソウシチョウ	97	◎	ノビタキ	122	◎
ソデグロヅル	56	△	■■ハ■■		
ソリハシシギ	91	◎	ハイイロチュウヒ	46	△
■■タ■■			ハイタカ	39	◎
ダイサギ	21	◎	ハクセキレイ	102	◎
ダイシャクシギ	93	◎	ハシジロアビ	13	・
ダイゼン	88	◎	ハシビロガモ♀	33	◎
タカブシギ	90	◎	ハシビロガモ♂	32	◎
タゲリ	89	◎	ハシブトガラス	160	◎
タシギ	91	◎	ハシボソガラス	160	◎
タヒバリ	105	◎	ハジロカイツブリ	15	・
タマシギ	82	◎	ハチクマ	43	◎
タンチョウ	56	◎	ハマシギ	90	◎
チゴハヤブサ	48	△	ハヤブサ	48	◎
チゴモズ	109	◎			

173

名前	ページ	記号
ハリオアマツバメ	77	△
ハリオシギ	91	・
バン	61	◎
ヒガラ	140	◎
ヒクイナ	59	△
ヒシクイ	26	◎
ヒドリガモ♀	33	◎
ヒドリガモ♂	32	◎
ヒバリ	99	◎
ヒメアマツバメ	76	◎
ヒメウ	12	△
ヒメクイナ	59	△
ヒヨドリ	107	◎
ヒレンジャク	110	◎
ビンズイ	104	◎
フクロウ	67	◎
ブッポウソウ	81	◎
ベニヒワ	148	◎
ベニマシコ	148	△
ホウロクシギ	93	◎
ホオアカ	144	◎
ホオジロ	143	◎
ホオジロガモ	34	◎
ホシガラス	158	◎
ホシゴイ（幼鳥）	18	◎
ホシハジロ	34	◎
ホシムクドリ	158	・
ホトトギス	75	○
■■■マ■■■		
マガモ♀	33	◎
マガモ♂	32	◎
マガン	26	◎
マダラチュウヒ	46	△
マナヅル	58	○
マヒワ	147	◎
マミジロ	124	・
マミジロキビタキ	132	△
ミコアイサ	35	◎
ミサゴ	47	◎
ミソサザイ	114	◎
ミツユビカモメ	94	△
ミミカイツブリ	15	・
ミヤコドリ	83	◎
ミヤマカケス（別亜種）	157	△
ミヤマガラス	160	◎
ミヤマホオジロ	142	◎
ミユビシギ	90	◎
ムギマキ	132	△
ムクドリ	156	◎
ムナグロ	88	◎
ムネアカタヒバリ	105	・
ムラサキサギ	24	・
メジロ	141	◎
メダイチドリ	86	◎
メボソムシクイ	129	△
モズ	108	◎
■■■ヤ■■■		
ヤブサメ	129	○
ヤマガラ	138	◎
ヤマゲラ	62	△
ヤマショウビン	80	△
ヤマセミ	78	◎
ヤマドリ	52	◎
ヤンバルクイナ	60	・
ユリカモメ	94	◎
ヨシガモ♀	33	◎
ヨシガモ♂	32	◎
ヨシゴイ	16	◎
ヨタカ	70	◎
■■■ラ・ワ■■■		
ライチョウ	50	◎
リュウキュウカラスバト	72	・
リュウキュウツバメ	100	・
ルリカケス	157	・
ルリビタキ	120	◎
ワシカモメ	95	△
ワシミミズク	66	△
ワタリガラス	160	・

本書を構成するにあたり、国際環境NGOバードライフ・インターナショナル副会長市田則孝さんはじめ、多くの方々に貴重なアドバイスをいただきました。イラストは藤田和生さんにお願いしました。タンチョウの写真は久保田肇さん、その他は久保田修が撮影しました。
　本書制作にあたり、有限会社どんぐりはうすの方々、小竹里香さんにも協力をいただきました。

　この作品は新潮文庫に書き下ろされたものです。

ひと目で見分ける287種
野鳥ポケット図鑑

新潮文庫　　く - 35 - 1

平成二十二年四月　一　日発行
平成二十九年四月三十日　七　刷

著者　久保田　修

発行者　佐藤隆信

発行所　株式会社 新潮社

郵便番号　一六二-八七一一
東京都新宿区矢来町七一
電話　編集部（〇三）三二六六-五四四〇
　　　読者係（〇三）三二六六-五一一一
http://www.shinchosha.co.jp

価格はカバーに表示してあります。

乱丁・落丁本は、ご面倒ですが小社読者係宛ご送付ください。送料小社負担にてお取替えいたします。

印刷・錦明印刷株式会社　製本・錦明印刷株式会社
© Osamu Kubota 2010　Printed in Japan

ISBN978-4-10-130791-6　C0145